Design Karma

设计的因缘

·中国家具设计的民族性研究·

On the National Characteristics of Chinese Furniture Design

胡俊红 著

合肥工业大学出版社

内容提要

中国家具是中国文化的结晶。在数千年的发展与演变中,中国人以其睿智才华创造了独具一格的东方家具体系。从"礼仪"的商周家具、庄重的汉魏家具、华贵的隋唐家具、典雅的宋元家具、简秀的明式家具到繁缛的清式家具中,可以读到中国人特有的文化观、哲学观及设计观,也可以品察到中国人特有的民族个性。

本书通过构建设计的"因缘说",并利用文化人类学的研究成果,借助现象学的剖析方法,采用"文化悟道,以道释器"的阐释方法,从中国家具赖以形成的物缘、人缘、生缘、时缘、形缘、和缘等方面入手,逐一阐述了中国家具的形成因缘,从而揭示了中国家具的民族性。本书对重振中国家具的昔日辉煌和当前"新中式"家具风格的创立具有重要价值,也可以为其他艺术门类的民族性研究和设计理论研究提供参考。

图书在版编目(CIP)数据

设计的因缘:中国家具设计的民族性研究/胡俊红著.—合肥:合肥工业大学出版社,2008.12

ISBN 978-7-81093-780-1

Ⅰ.设… Ⅱ.胡… Ⅲ.家具—设计—民族风格—研究—中国 Ⅳ.TS666.2

中国版本图书馆CIP数据核字(2008)第195310号

设计的因缘:中国家具设计的民族性研究

胡俊红 著　　责任编辑 方立松

出版	合肥工业大学出版社	版次	2008年12月第1版
地址	合肥市屯溪路193号	印次	2009年1月第1次印刷
邮编	230009	开本	710毫米×1000毫米 1/16
电话	总编室:0551-2903038 发行部:0551-2903198	印张	17.25
		字数	176千字
网址	www.hfutpress.com.cn	发行	全国新华书店
E-mail	press@hfutpress.com.cn	印刷	安徽江淮印务有限责任公司

ISBN 978-7-81093-780-1　　定价:32.00元

如果有影响阅读的印装质量问题,请与出版社发行部联系调换

序

这是一本关于设计理论的书，一本研究传统家具设计理论的专著，通过对中国传统家具的形制与成因、用材与工艺、风格与装饰，以及设计观与价值观等问题的探讨，全面论述了中国传统家具的民族性特征。

本书摒弃了平铺直叙的论证方法，创造性地提出了“设计因缘”的研究思路，按照“物缘求新”（现象与成因）、“人缘求真”（价值观）、“生缘求善”（设计观）、“时缘求变”（风格与演变）、形缘求美（材质与结构）、“和缘求存”（未来与发展）八大因缘关系进行了研究。

本书的可贵之处是跳出了“形而下”的研究思路，不仅探讨了中国传统家具的用材、结构、工艺、技术等“形而下”的问题，而且更强调设计哲学、设计伦理、设计美学、设计文化等“形而上”的问题，深入探讨了中国传统家具的设计思想和理论。

中国传统家具文化源远流长，是中国造物文化的重要组成部分，也是东方传统家具大系的主流，其成果和西洋传统家具一样深深地影响了世界现代家具的孕育与发展。

进入 21 世纪以来，中国已成为世界上最大的家具生产和出口大国，随着现代化建设的发展，中国也将成为世界家具消费大国。但是中国家具的设计创新能力和品牌影响力与西方发达国家仍有较大的差距。深入研究中国家具的民族性，是振兴中国家具、构建“新中式”家具设计的必然途径。本书的出版与发行无疑将在家具设计理论方面开阔视野，特别是对中国家具的研发提供理论依据与文化参考，因而具有重要的现实意义。

中南林业科技大学教授、博士生导师，《家具与室内装饰》杂志社社长

中国家具协会设计专业委员会顾问，中国工商联家具装饰业商会理事

胡景初

2008 年 10 月

目 录

第1章　引　言

1.1　设计呼唤研究

——设计是需要的艺术。(贝聿铭[美])

当今社会,家具设计不仅仅创造了光辉灿烂的物质财富,还提供了赏心悦目的精神食粮,形成了丰富多彩的设计文化,并不断改变人们的生活方式,提升人们的生活质量,为人们规划和建构美好未来。中华民族创造了伟大的中华文化,其中包括灿烂的家具文化。从汉唐始就有了中华民族风格的家具,到了明代,中国家具发展迎来了她的顶峰,以其简、雅、精、厚[①]的特点,形成了所谓"明式家具"。随后,清朝的康雍乾盛世,继承其余绩,将代表东方文化积淀的家具文化设计推向极致！这一切,使中国家具在世界家具设计史上和现代家具的发展中作出了不可磨灭的贡献,成为世界家具发展中的两大主要体系之一。然而,曾几何时,由于中国的现代化进程比西方晚得多,导致了东方现代家具设计出现滞后现象。正如方海博士在《20 世纪西方家具设计流变》的引文中所说:"整整一个世纪就这样飞逝的过,想象在 20 世纪如此

① 何人可. 工业设计史. 北京:北京理工大学出版社,1992:22.

丰富多彩的现代家具设计的舞台上，竟然没有中国人的一席之地，不免伤感了一阵。”[①]近20年家具设计的蓬勃发展，促进了中国家具设计界对现代家具设计理论与应用的研究，但真正意义上的现代中式家具[②]尚未形成。当代香港室内设计之父高文安在2006年中国家具设计大赛上曾这样评述当代中国家具设计："还没有什么家具可以放在米兰家具展。表现现代中国的家具，我觉得没有，至少现在还没见到。”[③]由此可见，处在信息时代的中国家具设计，如何发挥中国民族特色和传统家具文化的优势，从中国传统家具中提炼出家具造型与装饰设计的民族因子，是振兴中国家具的有效途径之一。

家具的民族性研究对于新世纪的中国家具设计有着非常重要的现实意义。从文化的角度来说，文化是设计的灵魂。“型中注入灵，宣告充满生命的造型的产生。”（杉浦康平）[④]中华民族的历史源远流长，特别是家具设计的历史，积淀着浓厚的民族精神和辉煌的传统文化，这种民族底蕴是中国家具取之不尽的创新“灵魂”和不可舍弃的元创[⑤]源泉；从设计的角度来说，中国现代家具设计的起步较晚，通过研究民族与传统文化，依托民族特色，建立民族个性品牌，可以使家具设计的发展步入正轨，形成“新中式”家具，在“地球村”盛行家具设计“中国风”；从产业的角度来说，世界经济与文化的一体化，促进了中国家具设计必须面向市场、面向社会、面向全球，科学技术的进步，特别是各种高新技术的广泛应用，使得家具设计从设计市场、设计手段、设计技术、设计管理到设计思想等，逐步突破地区与地区之间、国家与国家之间的堡垒与瓶颈，家具设计的民族化研究将有助于正确处

① 方海. 20世纪西方家具设计流变. 北京：中国建筑工业出版社，2001：11.

② 现代中式家具应是具有中国特色的科技、绿色、人文家具的复合体。见：唐开军. 家具装饰图案与风格. 北京：中国建筑工业出版社，2005：297.

③ 2006中国家具设计大赛评委——高文安谈家具设计，www. dolcn. com，2006-05-10.

④（日）杉浦康平. 造型的诞生——图像宇宙论. 李建华，杨晶译. 北京：中国青年出版社，2002：117.

⑤ 中国艺术研究院美术理论家翟墨认为，“元创”可以取代习惯使用的“原创”，前者包容后者，并拥有更多的内涵，更能体现设计的创新性。见：翟墨. 人类设计思潮. 石家庄：河北美术出版社，2007：360.

理民族性与全球化、现代化之间的关系，使中国家具设计赶超国外先进设计水平，并与国际设计市场接轨。

“形而上者谓之道，形而下者谓之器”（《易·系辞上》）。本论著在理论研究方面，力求克服当前设计研究的一些缺陷，不只是停留在“形而下”角度的家具史料的概括与总结，而是偏重于“形而中”角度的家具审美和“形而上”角度的家具文化阐释。一般来说，“形而下”重视家具设计的技术、方法与风格研究；“形而中”致力于家具设计的审美心理与特征研究；“形而上”强调设计的思想、理念与文化研究。笔者将通过对中国家具史料的审美与文化解读，从中国家具的现象、存在、价值、特征等方面，探索中国家具的设计思想，为现代家具设计提供启示。

1.2 课题研究方法

——正确的方法是通往成功之路的金钥匙。（佚名）

本论著主要是基于家具审美与思想性的研究，将涉及设计学、家具学、民族学等学科的问题，涉及面广。从时间上看，研究从远古时代家具的产生到明清家具为止，时间跨度大。从家具的类型看，家具品种繁复、功能各异。从中国的地域看，不同民族、不同地区的家具同中有异。总之，涉及的横纵向范围都挺大，如果在写作中仍按照一般“史论”的框架叙述，不去粗取精地连续论述中国家具不同时期在造型、装饰和审美上的表现，可能会陷入“主次不分”、观点暧昧的泥淖。所以为了避免该问题的出现，笔者先是从中国文化中悟出“设计因缘”（将在第 2 章论述）之理念，将设计的要素进行解剖，然后围绕其中的各个要素分别加以阐释，且各个部分强调“标旧立异”地对已有史料进行剖解，剖释中不求全、不求连，强调以设计理念为轴心从主题切入，采用“宏观析性、微观求证，以大观小、以点带面”的方法。具体的论述中将采用文化人类学、现象学、“文化悟道，以道释器”的研究方法进行。

1.2.1 借用文化人类学的视野进行剖析与研究

在家具设计的民族性研究中，拟采用一种“跳出设计谈设计，跳出家具论家具”的宏观视野，避免就事论事的思维定式。这样一来，研究中必然要借用文化人类学的研究方法与成果。文化人类学诞生于 19 世纪后半叶，是人类学的一个分支。在学科发展中，英美学术界将人类学划分为文化人类学和体质人类学。在欧洲大陆（不含英）学术界，“人类学”一般仅指体质人类学，“民族学”则相当于英美的文化（或社会）人类学。（美英的）文化人类学包括民族学、考古学、语言学，其范围显然比（欧洲大陆的）民族学宽广[①]。

① 蔡俊生，陈荷清，韩林德. 文化论. 北京：人民出版社，2003：4.

根据美国人类学家威廉 · A. 哈维兰在《文化人类学》中的观点，人类学是指对任何时代、任何地方人类的研究。体质人类学专门研究作为生物有机体的人。文化人类学是依据人们的文化研究人类，专门研究人类行为的学科。在文化人类学的三个领域中，考古学家的工作是解释人类的行为；语言学家研究人类的语言，他们可能做的是描述语言、探究语言的历史，或者研究人们在特殊的社会背景中如何使用语言；民族学家专门研究现在的或最近的文化，做文化比较研究，他们专注于文化的特殊方面，如宗教的或经济的实践，或者作为民族学家，他们可能进入田野去观察、描述和解释人的行为[①]。

事实上，由于各个地区、各个国家有不同的传统，因而在文化人类学研究的内容与方法上各有侧重。美国着重研究人类文化的起源、发展和流变过程，分析比较世界各地不同区域、不同民族的文化特点与普遍性。英国与欧洲大陆的学者则强调不同民族的社会类型，侧重其社会组织结构制度、功能及社会发展规律的研究。[②]尽管如此，只是研究的出发点不同而已，其实他们研究的对象及得出的结论往往是类似的。

文化人类学作为一门综合研究的学科，本身没有具体的功利意义，却十分有用，可以利用其建构的方法与理论去辅佐具体的学科（当然包括设计艺术学），从宏观的高度审视人类文明的整体发展规律，去实现各自的存在价值与目的。[③]在中国家具设计的民族性研究中，一方面，文化人类学是从生物学与文化学的角度强调研究生活在社会中人类创造的生活方式，而设计活动是创造人类生活方式最直接的手段与媒介，可见文化人类学的有关人类行为发生的成果可以直接有效运用于设计艺术的研究之中，当然也包括家具设计。另一方面，文化人类学认为文化不是孤立体，其研究是一种整体论的研究，整体论是将局部“融入背景”的分析战略，强调微观与宏观研究相结合。中国家具设计的研究可以借用人类学研究方法的指导，透过具体历史与地理范围内的文化背景来反观中国家具设计行为发生的民族性根源，它要求不能只看某个局部或片断，而应从中华民族整个文明进程和设计艺术中去探讨与研究。

① (美)威廉·A. 哈维兰. 文化人类学(第十版). 瞿铁鹏，张钰译. 上海：上海社会科学院出版社，2006：6－32.

② 罗康隆. 文化人类学论纲. 昆明：云南大学出版社，2005：3.

③ 罗康隆. 文化人类学论纲. 昆明：云南大学出版社，2005：9－10.

1.2.2 利用现象学的方法进行阐述与归纳

所谓现象学，是用来解释存在意义与方式的一门学科。形式上，它让人从显现的东西那里像它所显现的那样来看它，强调“面向事情本身”[1]。研究方法上，现象学强调“即事象”“即本质”的考察[2]。就课题而言，现象学是存在者的存在的科学，即存在论。现象学描述的方法论意义就是解释，通过诠释，存在的本真意义与本已存在的基本结构就会轻而易举地显现出来。[3]

按照马丁·海德格尔在《存在与时间》中的论述：“世界万物是循一种‘关系’为主导线索，使一切存在者都服从于某种‘阐释’，这种‘阐释’总是‘入调’的。”[4]存在者之所以存在，是被指引[5]向某种东西；而存在者正是在这个方向得以揭示的，并与某种东西结缘了。上到手头的东西的存在性质就是因缘，因缘中包含着：任一事了结在某事或某种状态中，这种“因……缘……”的关联应该由“指引”来指明。“因缘乃是世内存在者的存在：世内存在者向来已首先向之开放。存在者之为存在者，向来就有因缘。有因缘，这是这种存在者的存在之存在论规定，而不是关于存在者的某种存在者层次上的规定。因缘何所缘，就是效用与合用的何所用。随着效用的何所用，复又能有因缘。”[6]作为让存在者以因缘存在方式来照面的“何所向”，自我指引着的领会的“何所在”，就是世界现象。

在中国家具的民族性研究中，借用现象学存在论中的因缘说，通过对家具这一上手的东西的何因何缘，由家具“何所用”、“何所作”引出家具存在的因缘

① 是20世纪初以胡塞尔为代表的现象学哲学提出的一句著名口号。

② 徐复观. 中国艺术精神. 上海：华东师范大学出版社，2001:46.

③（德）马丁·海尔格尔. 存在与时间. 陈嘉映，王庆节译. 北京：三联书店，2006:41－44.

④（德）马丁·海尔格尔. 存在与时间. 陈嘉映，王庆节译. 北京：三联书店，2006:91.

⑤ 极端地从形式上看，指引是一种关系，大概可以分化为标志、象征、表达、含义等等。见：（德）马丁·海尔格尔. 存在与时间. 陈嘉映，王庆节译. 北京：三联书店，2006:91.

⑥（德）马丁·海尔格尔. 存在与时间. 陈嘉映，王庆节译. 北京：三联书店，2006:98.

结构，借助因缘的整体性描绘，了却因缘所可能具有的“何所因”与“何所缘”，领会家具的“何所在”与“何所向”，从而揭示中国家具的民族特性。

1.2.3 采用“文化悟道，以道释器”的方法进行阐释与总结

道是中国文化的精髓。在道的方法论中，一切以道为法，依道而成明。[①]由于道是一个“形而上”的概念，在本质上既不可界定也不可言说，不能以任何对象来限定，也不能将其特性有限地表达出来，但“道”却存在于万物万事之中，创造并维护了每一肯定的和实在的事物。[②]在中国传统文化中，潜藏着许多道的思辨与哲理，古人不但察证了宇宙万物的本体之道，也悟出了形成“人生”的生存之道、生命之道。如老子曰：“道生一，一生二，二生三，三生万物”（《老子·四十二章》）。清代思想家戴震云：“道犹行也，气化流行，生生不息，是故谓之道。”（《孟子字义疏证》卷中）

同时，在中国人眼里，道器的关系，虽是“形而上”与“形而下”的关系，但由于“道从器出，器以道生”，道器却是合一的。正如“形而上为道，形而下为器；须著如此说。器亦道，道亦器；但得道在，不系今与后，己与人”（程颐《遗书》卷一）。

一般说来，艺术的研究方法有三种：审美的、叙事的或阐释的[③]。在中国家具设计的研究中，力图用阐释的角度来探寻，立足点是从中国博大精深的文化中悟出造物之“道”，家具作为一种造物活动，自然也会“由道生器”。“文化悟道”是从具体的文化现象中抽象出中国人的设计观，是由“具体上升到抽象”；“以道释器”是设计观在家具（具体的）造物活动中的应用，是由“抽象到具体”。“悟道释器”是本论著从中

① 成中英. 创造和谐. 上海：上海文艺出版社，2002：291.

② 张岱年，方克立. 中国文化概论. 北京：北京师范大学出版社，2001：326.

③（美）威廉·A·哈维兰. 文化人类学（第十版）. 瞿铁鹏，张钰译. 上海：上海社会科学院出版社，2006：449.

国家具中提炼其民族性的主要方法。

1.3 研究角度与脉络

——事物之理,必就事物剖析至微而后得。(戴震[清])

中国家具设计的民族性,主要是探索中国家具设计文化与理念的独特性。其研究的基本思路是:从文化与哲学的视野解剖家具设计的影响要素,"以道明器,以道统器"[①],即借助不同时期的典型家具作品,经过"具体——抽象——具体"的研究,理清中国家具设计的形成"因缘"与"事中之理"。[②]具体各个章节的内容大致结构如图 1-1 所示。

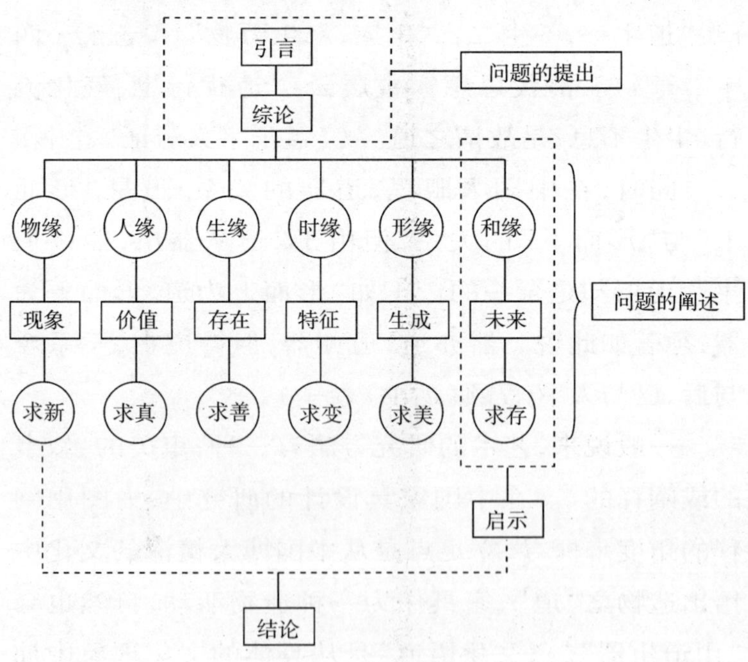

图 1-1 研究结构框架图

引言(第 1 章):主要介绍课题的来源、研究价值、方法及思路,并对国内外的研究动态与成果进行

① 日本设计师杉浦康平在《造型的诞生——图像宇宙论》中的研究方法。

② 清华大学美术学院柳冠中教授提出的"设计事理学"理论中,强调"物中之事,事中之理",认为"当代设计应更直接的从物质上、精神上关注以'自然'为根据、以人为核心、以人与自然和谐为归宿的人为事物的'事理'价值判断。"见:胡飞,杨瑞. 设计符号与产品语意. 北京:中国建筑工业出版社,2003:序.

简述。

综论(第2章):主要将本论著中的关键概念,如民族性、设计因缘论等进行界定与阐释,为论著的深入研究做好铺垫,搭建一个框架。

家具之现象(第3章):从物缘[①]说起,"以道论器,以器述道"。从中国文化的角度阐述中国典型家具的成因及事因物缘等,探讨中国家具的造物与装饰思想。

家具之价值(第4章):从人缘求真的角度,介绍默默无闻的能工巧匠与工官制度,探寻家具中的仁礼之道和民俗风情,揭示中国家具诗意人性的价值观。

家具之存在(第5章):从生缘求善的角度,阐述中国家具特有的"天人合一"思想和整体设计思维,探讨中国家具如何考虑与室内环境、建筑相适应的设计观,并由此而形成的不同地区的风格特性。

家具之特征(第6章):从时缘求变的角度,探讨中国家具不同时期所体现的风格特征与演变规律,概述中国家具总体上所体现的"道器"观和造物中体现的审美特征。

家具之生成(第7章):从形缘求美的角度,探讨中国家具的选材观及结构、工艺方面的成就,并从中揭示其特有的民族个性。

家具之未来(第8章):从历时性与共时性的角度,对中国家具进行合理评价,总结中国家具的和谐共生观对新中式家具形成的启示,并提出和谐设计的原则。

结论(第9章):通过对家具设计的物缘、人缘、生缘、时缘、形缘、和缘等方面的提炼与抽象,得出中国家具设计在人、物、事、境、时、形等方面的民族特性,指出本著作的创新点与价值。

① 物缘、人缘、生缘、时缘、形缘、和缘等概念将在第2章中加以阐述。

1.4 国内外研究动态

人类学家认为，不同民族从一开始就各自发展了一套生活方式与价值观念，在其漫长的历史发展与演变中，形成了各自独特的一些民族特性。民族性作为一个课题，最早是人类学家适应西方殖民统治的需要而进行重点研究与探讨的。不同领域对于民族性的研究各有侧重，人类学家研究民族性时往往利用神话、传说、民间习俗、宗教仪式、艺术形式等素材，从文化模式或民族精神等方面展开分析；心理学家研究民族性时注重以群体人格的概念为基础，建构不同的理论框架；心理分析学家则强调探索儿童教养与训练方面的规律与理论[①]。

① 佚名. 民族性. 素质教育文库，2003：1－2.

但是，就设计领域而言，人们在民族性的设计思考中体现一种矛盾性。一方面，人们充满对旧有生活方式的厌倦和对现实的不满，以及对民族传统的信仰与制度存在反叛意识，要求设计一种全新的生活体验与生活方式；另一方面，民族与传统文化又影响设计作品的创作，制约设计的想象与表达，设计中难以割舍一种来自潜意识中的民族性。这种矛盾性也非常强烈地映射在现代家具设计中，家具——作为人们生活中息息相关且不可缺少的物质形态，不仅是传承人类物质文明与精神文明的载体，而且是展现民族个性、宗教与信仰等传统文化的缩影。由此看来，民族性研究应从不同民族的生活习性与个性出发，探寻家具民族风格与家具设计思想的形成规律。

中华民族是一个文化底蕴深厚、具有强烈民族个性的民族。在家具设计史上，中国传统家具曾经是世界家具中的东方奇葩。正如于伸在《木样年华》中所说:“中国古代家具历史悠久,自成体系,具有强烈的民族风格,无论是笨拙而神秘的商周家具,浪漫而神奇的矮型家具(春秋战国秦汉时期)、婉雅而秀逸的渐高家具(魏晋南北朝时期)、华丽而润妍的高低家具(隋唐五代时期)、简洁而隽秀的高型家具(宋元时期),还是古雅而精美的明式家具、雍容华贵的清式家具,都以其富有美感的永恒魅力吸引着中外人士的钟爱和追求。”[①]但由于众所周知的原因,中国家具的现代化进程姗姗来迟。

① 于伸. 木样年华——中国古代家具. 天津:百花文艺出版社,2006:1-2.

上世纪80年代,随着国家改革开放的深入,家具领域吹入了一阵春风。从个人、企业到国家,开始把提高生活水平与生活质量作为一种社会责任感与使命感,家具的设计、制造到销售等各个环节都得到了应有的重视。但由历史造成的与国外先进水平的差距是短时间内无法改变的,家具行业只有努力赶超的使命与责任。“落后就要挨打”,也促进了家具设计的研究与探讨,特别是近20年国家推行市场经济以来,家具产业得到了跨越式的发展与进步。同时,问题与难题也随之而来,技术与工艺水平的落后制约了家具的生产;国内无品牌,使之沦为“世界家具制造工厂”;大量家具出口,耗费大量的资源,挣来的是工人微薄的“血汗钱”;等等。新世纪,设计被各个企业、城市乃至国家作为提高经济发展的“催化剂”,得到了更为广泛的重视。在家具行业,呼唤一种体现民族风格、复兴中国家具优势的“新中式”家具研究,得到了家具领域有识之士的广泛认同。

另一方面,中国加入WTO后,全球经济一体化的趋向,使得我们不得不面对民族化与全球性的问题。

翻开人类历史的长卷，家具也是中西文化的一种历史见证。早在600年前，郑和下西洋时就留给西方不少中国明式家具，给西方带来不少文化冲击，也给西方现代家具设计带去不少启示。据传18世纪，英国家具设计师齐彭代尔在研究收藏的中国家具基础上，设计了一套仿明式的宫廷家具，激发了欧洲对中国古典家具的研究与收藏；德国汉学家古斯塔夫·艾克教授出于对中国古典家具的热爱与痴迷，久居北京收集了大量的中国明式家具，并在1944年出版了外国人研究中国古典家具的第一本专著——《中国花梨家具图考》[①]；丹麦家具设计大师维格纳通过对中国古典家具的研究，从中国家具上吸收灵感，设计了一百多种"中国椅"[②]，成为设计史上一种美谈。由此可见，中国古典家具在国外得到了足够的重视，但其研究大多在设计理念、材质、造型、装饰、结构等方面，而在探讨中国家具的民族性方面从目前已有的资料来看，尚未作为专门的课题研究。

在国内，上世纪二三十年代西方对中国古典家具的收藏热促进了对中国古典家具的研究。像中国著名的建筑设计师梁思成先生组织了中国营造学社对中国明清家具进行了最详细的调研，为后来家具的研究奠定了基础；著名学者杨耀最早用现代方法对中国传统家具进行研究，取得了不少研究成果，发表了不少论文，具有较高的学术水平与参考价值；文物专家王世襄先生一生中收藏了大量的明清家具，编著了不少家具权威论著，受到家具界拥戴。可见，家具研究更多的是停留在一种鉴赏、整理与概括上，理论系统化的概括与总结不够，缺乏中国古代家具设计思想的提炼。中国家具设计的民族性研究方面，尽管近几年

① 吴少华. 鉴识明清家具. 福州：福建美术出版社，2005：2－3.

② 方海. 20世纪西方家具设计流变. 北京：中国建筑工业出版社，2001：57－59.

引起了家具设计界的关注，但研究也大多数见于设计家们的经验介绍或采访谈话，处于一种自发和无序状态，在家具的设计实践中强调民族性的体现，缺乏系统的、完善的设计理论作指导。在中国加入 WTO 后，家具设计如何适应新时期的要求推出中国民族性特色的设计风格，并建立一套完善的家具设计理论体系，其研究有待设计工作者们的不懈努力。

1.5 现有研究成果与水平

中国家具设计的民族性研究应该从以下几方面借鉴已有的研究成果：(1)中国传统家具设计的相关成果；(2)有关人类学研究的理论与方法；(3)设计方法论的基本理论。

中国家具文化是中国传统文化中瑰丽灿烂的一颗明珠，其学术研究成果主要体现在对中国传统家具不同时期内家具特点的概括与总结。例如：商周时代家具主要有“席地坐”的俎、禁；春秋、战国、秦时期，家具以床为主，还有几、案、凭靠类家具，多采用彩绘及雕刻等装饰手法；两汉、三国时期家具几案合二为一，面板加宽，榻的用途扩大，出现了箱子，装饰纹样有几何和植物纹样等；魏晋南北朝时期家具由矮向高发展，品种增多，造型和结构更趋丰富；隋唐五代时期家具品种及样式大为增加，造型简明，朴素大方，装饰方法多样，有螺钿、金银绘、木画等工艺；两宋、元朝时期的家具在室内中呈一定格局布置，垂足坐的起居方式使得桌、椅等日用家具广泛使用，采用梁柱式的框架结构及装饰性线脚；明代家具是我国传统家具的鼎盛时期，家具种类繁多，造型简练，设计上注重材料质地，多采用硬质树种，不施油漆，充分呈现木材的自然纹理与色泽，采用木构架结构，与中国传统建筑的木构架很相似；清代家具造型与结构继承了明代的传统，但繁琐堆砌、格调低下，装饰及雕刻增多，并用珍贵材料镶嵌，常破坏家具的整体形象、比例和色调的统一和谐[①]。

① 李凤崧．家具设计．北京：中国建筑工业出版社，1999：8－49．

上世纪中叶以来，对中国古典家具的收藏与对传统的反思，促进了对家具设计的研究，也取得了不少令人欣慰的成果。德国人艾克教授1944年出版了《中国花梨家具图考》，以一位西方学者的眼光对中国明式家具进行了分析。国内，学者杨耀、梁思成最早开创了明式家具研究的先河，发表了不少学术论文，对于家具分类、家具构造、研究方法、家具保护等方面探索了一条科学途径[②]。之后，以王世襄、朱家缙、濮安国、田家青、胡文彦、陈增弼、李宗山、胡德生、董伯信等为代表的家具学者总结研究中国古代家具的成果，出版了一批具有较高学术研究水平与研究价值的专著，如《明式家具珍赏》（王世襄）、《明清家具鉴赏与研究》（田家青）、《中国家具文化》（胡文彦）[③]、《中国古代家具综览》（董伯信）、《明清家具鉴赏》（濮安国）、《中国红木家具》（濮安国）、《中国家具史图说》（李宗山）、《中国家具鉴定与欣赏》（胡文彦）、《中国传统家具》（柏德元）、《家具设计学》（梁启凡）、《中国民俗家具》（张福昌）、《家具鉴赏》（聂菲）、《中国古家具鉴赏与收藏》（路玉章）、《清代家具》（陆志荣）等，对中国传统家具的造型、品种、材料、结构、装饰、工艺、风格等多方面进行了概括与提炼。

② 杨耀．明式家具研究．北京：中国建筑工业出版社，2002．

③ 在所有家具论著中，该书以论述家具文化见长。

近几年还出版了一大批研究中国传统家具的图

文类文献,主要有:《中国明式家具图录》(景戎华、帅茨平)、《中国清式家具图录》(景戎华、帅茨平)、《家具历史与风格》(林东阳)、《中国历代家具图录大全》(阮长江)、《中国家具经典艺术长廊》(刘森林)等,这些著作以丰富的图片资料展现了中国传统家具的视觉魅力与审美情趣。传统家具的装饰也是家具研究者重点探寻的课题,像《明清家具装饰艺术》(濮安国)、《中国古典家具装饰初探》(朱品之)、《家具装饰图案与风格》(唐开军)、《中国古典家具中的雕刻装饰研究》(周燕玲)等文献,对于不同年代家具装饰的风格与特点进行了阐述与总结。

此外,相关的家具与设计方面的论著,对于本课题的研究也具有较高的参考价值,如王受之的《世界现代设计史》、胡景初的《世界现代家具发展史》、方海的《20 世纪西方家具设计流变》、何镇强的《中外历代家具风格》、《外国古典家具文化艺术》、《西方家具演变史》等著作对于家具发展的演变轨迹与历史背景提供了宝贵的研究资料。

近年来,高等院校对于家具方面的设计研究课题也越来越多,以中南林业科技大学、北京林业大学、南京林业大学、江南大学等为代表的院校研究人员,积极探索中国传统家具的造型与结构特征,并结合时代要求与特点,撰写了不少学术论文(部分见参考文献),许多硕士与博士学位论文也选择了家具方面的研究课题,取得了不少可喜的成果。特别是唐开军教授的《家具风格的形成过程研究》、李秀敏教授的《中西家具文化比较研究》、刘文金教授的《中国当代家具设计文化研究》、戴湘东教授的《中日传统家具文化比较研究》等论文,严谨的学术研究方法,大量而丰富的史实材料，合乎逻辑而精辟的论断，为我国家具设计的民族性研究奠定了良好的基础，也提供了一些参考与借鉴。

总之，在家具设计领域重视民族性的倡议一直不断，在设计界有许多学者呼唤中国设计“多一点自己的特色、多一些自己的文化特征”，常常借用鲁迅先生的名言“越是民族性的，就越有世界性”来鞭策设计界要体现我国设计的民族性。但设计状况令人担忧，中国家具设计要成就昨天的辉煌，必须发扬传统走自己的路。学术界关于民族性研究尽管在一些领域进行了深入探讨，但从目前检索到的参考文献资料来看，在家具设计领域的民族性研究还远远不够。该方面的著作或论文，或是在研究文献与考古史料基础上对家具发展史的论述，或是对家具某个方面（如材料、结构、工艺、风格等）的详析，且以明清时代的家具论著成果和鉴赏资料为多，从文化角度对家具进行较深层次的阐述不够。尽管如此，传统家具的研究成果以及文化人类学的一些研究方法与理论对于本课题研究也作了很好的铺垫，为论著的写作提供了一些科学依据与方法。在阅读大量参考资料的同时，笔者坚信本书的研究成果必将为中国家具设计提供宝贵的参考价值。

第2章 综 论

2.1 民族性析义

——一个民族之所以成其为一个民族，是因为它的人民共享语言、文化和地域基础，以及政治组织和历史。(J. W. 克莱[美])

民族性在文学、美术、音乐、设计等研究领域都是一个普遍关注的话题。而对全球一体化趋势下的民族之间、地域之间差异越来越少的情况，在家具设计中展开民族性的分析，不仅要对民族性进行界说，而且有必要对相关概念与观点进行探寻，为后面的深入研究稍作铺垫。

2.1.1 民族的概念

在我国，民族是由“民”与“族”两个字复合而成的一个词概念。“民”与“族”各有其义，“民”泛指人民，“族”有种族之意。其实用“民族”一词表示稳定的民族共同体是19世纪末20世纪初从日文中引进的[①]。在中国古典书籍中并没有“民族”一词，先人们常用“族”、“人”、“族类”、“部族”、“种落”、“种人”

① 佚名. 民族性. 素质教育文库，2003:6.

等词语来表达民族之意。具体而言，中国古代民族观念开始是以族称形式出现的。如夏、蛮、夷、戎、狄、苗、羌、山戎、猃狁、匈奴、鲜卑、契丹、西夏、女真、蒙古、满、汉等[①]。美国学者威廉·A. 哈维兰认为，“民族，指基于共同的祖先、历史、社会、制度、意识形态、语言、地域，通常还有宗教，视自己为‘一个民族’的人们共同体。”[②]而学术界还是比较认同斯大林完备的定义，“民族是人们在一定的历史发展阶段形成的具有稳定的共同地域、共同经济生活、共同语言以及表现出共同心理素质的稳定的共同体。”[③]

以上所指是狭义的民族之称。其实广义的民族泛指人们在历史上形成的、处于不同历史阶段的各种共同体，例如：原始民族、古代民族、近代民族、现代民族；或者一个地域内所有民族的统称，例如：美洲民族、非洲民族、阿拉伯民族等；或者作为多民族国家里所有民族的总称，例如中华民族[④]。在中国人眼里，常把民族观念消融于人类观念里，也常把国家观念消融在天下或世界的观念里。他们只把民族当作一个文化机体，并不存有狭义的民族观[⑤]。本文研究中的“民族”概念实际上正是指“中华民族”的泛称。

2.1.2 民族性的内涵与界定

迪格尔印第安人有句格言：“从一开始，上帝就给了每个民族一只陶杯，从这杯子里，人们饮入了他们的生活。”[⑥]任何民族作为一个共同生活的稳定人群，在其长期生产劳动的过程中会各自发展一套相对独特的生活方式和价值观，形成独有的文化模式与特征，这是人类群体为适应其生存环境所产生的必然结果（人类学家的观点）。民族的生活方式和价值观念

① 莫秀珍. 王夫之的民族文化观. 长沙：湖南大学出版社，2001：3.

② （美）威廉·A. 哈维兰. 文化人类学（第十版）. 瞿铁鹏，张钰译. 上海：上海社会科学院出版社，2006：359.

③ （苏）斯大林全集（第二卷）. 294. 转引于高丰. 中国器物艺术论. 太原：山西教育出版社，2001：151.

④ 邱运华，马固钢. 中外文化概论. 长沙：岳麓书社，1996：421.

⑤ 钱穆. 中国文化史导论. 北京：商务印书馆，2005：23.

⑥ 佚名. 民族性. 素质教育文库，2003：1.

就是这个民族的文化，也就是这个民族的特性所在。民族性就是指民族共同体所共同具有的一些性格特性，是一个民族的精神、生活、文化及思维方式等所标举出来的共通性和本质。

其实，民族性是一个比较概念，是民族“共同体在自己创造的各种文化形态上表现出有别于其他共同体的特性”[①]。它是相对于其他民族而体现出来的一种个性；民族性是一种界限，它划出了该民族与其他民族的界限，民族性的性质决定了一个民族的文化在世界文化格局中所能够占有的份额及其应有的地位，并在某种程度上影响着世界文化伦理的形式。[②]

① 陈望衡. 艺术设计美学. 武汉：武汉大学出版社，2003：321.

② 谭好哲，任传霞，韩书堂. 现代性与民族性. 北京：社会科学文献出版社，2005：475.

2.2 设计的民族性

——正如每一位艺术家必须使自己的语言为人所知一样，每个民族也都必须让其他民族听到自己的声音，这个艺术家所属的民族也不例外。这种内在的联系反映在形式中，它构成了作品的民族因素。（康定斯基[俄]）

作为一门艺术，设计民族性首先体现在艺术民族性的内涵，即“运用本民族的独特的艺术形式、艺术手法来反映生活，使艺术作品有民族气派和民族风格”[③]。具体而言，设计的民族性是指在设计中引入特定民族文化类型的基本特质，它反映民族特有的文化心理、审美情趣、思维方式、价值观念、国民品性等本质特征，表现民族风格与个性。

③ 辞海. 上海辞书出版社，1979：4132. 转引于祥子. 试析艺术民族性与世界性. 艺术探索，2001，(5)：47－48.

2.2.1 设计的民族性特点

设计的民族性是特定民族在长期生活劳作活动

中积淀形成的，并区别于其他民族的文化特征，同时也会在民族文化的发展中形成各自独特的表现手法和设计形式。设计的民族性，通常具有以下特点：

(1)独特性

从定义看，设计的民族性是指各个民族特有的文化。在我国古代，很早就有"非我族类，其心必异"(《资治通鉴》)之说。每个民族由于所处的自然条件与社会条件的差异，形成了各自独特的语言、文字、习惯、风俗、价值、道德、思维方式和审美观，正是这些独特性才将各个民族区别开来，形成了丰富多彩的民族文化。在家具设计中，这种民族的独特性常常体现一种设计个性，早期现代主义思想由于没有考虑到地域、民族文化的差异，造成千篇一律的"国际主义"风格，抹杀了设计个性，最终被设计界所抛弃。设计民族性的独特性是设计个性得以繁生的土壤，也是设计文化灿烂多彩的构成因子。正如瓦·康定斯基所说，艺术领域中起决定作用的东西是"诸民族"的内在内容的差别。像西欧人的黑色丧服和中国人的白色丧服便是最好的例证。[①]

①(俄)瓦·康定斯基.论艺术的精神.查立译.北京:中国社会科学出版社,1987:144.

(2)传承性

任何民族文化必定传承着这个民族的民族精神和性格特征，民族性必然体现传承性。在民族内部，一代又一代所积累的设计经验与体会以多种方式传承，年轻者向年迈者学习，后辈向先辈学习。在设计中，民族文化会在一代又一代人中不断更替并得以传承，形成民族文化的传统，也就是设计民族性的传承性表象。

(3)稳定性

民族性是民族成员共同在长期的设计实践中形

成的民族文化，尽管在传承中会发生一些变化，但总的来说，在一定时期内设计民族性是看不出有什么变化的，呈现稳定性的特点。民族文化的稳定性是民族文化得以保存的主要原因。通常只有在社会或经济制度发生重大变更时，民族性的一些表现才会出现较大的变化，但许多民族文化的核心部分，如民族精神、道德标准、心理素质、价值取向、语言符号往往传承的稳定性较强，不会轻易改变。稳定性具有两重意义，一方面可以有效地保证民族文化的传承与独特性；另一方面，却影响文化之间的交流与吸收，妨碍设计文化的创新[1]。

① 姜淼.论文化民族性及其建设(学位论文).哈尔滨:东北师范大学,2004:11.

(4)创新性

在设计民族性的传承中，由于时代的进步和物质生活水平的提高，后人会对前人的文化内容进行适当调整，取舍一些过时和腐朽落后的成分，创造并发展一些新颖且更具时代特点的民族文化内容，从而使民族文化适应新时期的要求，并满足新时代人们的需要。正是有了创新，民族性才得以生存，民族文化才得以发扬光大。民族文化的创新性，会呈现渐变的特点。在设计中要正确处理好民族性与时代性的关系，促进民族传统工艺文化的创新，努力保证民族文化的活力与生命力。

(5)社会性

民族文化是一定社会历史条件与生产力水平的产物，渗透到民族、社会、经济与政治生活的各个方面，因而具有广泛的社会性。任何设计，必须考虑民族的生活方式、社会与政治生活，以及社会文明与进步的手段，设计的社会属性决定了在民族性设计活动中必须适合社会发展的制度与规律。

(6)地域性

俗话说:“一方风水,养一方人情。”民族性的差异,姑且有社会影响的一面,但不能忽略地域因素的影响。由于民族居住地区的地理、自然、气候和经济条件存在差异,甚至同一民族内部的不同地区,其民族性也有差异。但民族性不是单个成员就能形成的,应该看到在不同区域内所体现的群体特征,只有民族成员共同作用、共同影响的民族心理、风俗、习惯、性格等,才构成民族性的主要内容。一方面,地域的差异性形成了设计的民族特色;另一方面,设计的民族性要求紧紧抓住不同地域环境所积累下来的文化沉淀,充分体现地域特色和风土人情。

(7)象征性

设计是一种物化的过程,民族性却是抽象的,只能借助各种形式来表现。设计的民族性关键是体现民族性的内涵与价值取向。民族性的表现形式有:语言、文学、行为方式、有形的器物等,这些外在形式部分往往可以通过具体设计作品得以展示,并体现象征意义,像“龙”、“凤”就是中华民族的象征。而民族性的内容部分也可以通过某种设计方式得以体现,像有些民族喜欢白色,以白色象征尊贵;有些民族崇尚黑色,以黑色表达尊贵。民族的象征性是民族文化的意义所在,在设计中应该接受、表达、强化并发展其内涵,赋予其丰富的外在表象与形式。

2.2.2 民族性与传统的区分

在设计界,常常主张体现民族性的风格设计,同时也提倡从传统文化中借鉴与创新,不少人容易将民族性与传统混淆,那么,究竟两者之间有什么异同?

这里有必要将二者作重要区分。

传统文化是历史的沉淀与结晶,是指人类在社会实践活动中创造的所有物质文明与精神文明的成果。传统是相对当今而言的,是以时间轴线为线索进行划分的。著名民艺家张道一先生解释传统时认为:"传"即传布和流传,"统"即一脉相承的系统。总的来说是指一个国家或民族由历史沿传下来的思想、道德、人伦、风格、艺术、制度等,概括起来主要表现在文化方面。[①]而黑格尔也说过:"传统并不仅仅是一个管家婆,只是把它所接受过来的忠实地保存着,然后毫不改变地保持着并传给后代。它也不像自然的过程那样,在它的形态和形式的无限变化与活动里,永远保持其原始的规律,没有进步。"[②]

传统并不是民族性,二者有着本质的区别。首先,在内容上,传统是资源,是物质形态的、具体的、历史的,传统体现的是代代相传的物质实体,它可以是建筑物、纪念碑、景物、雕塑、绘画、书籍、工具和机器等,也可以是某种信仰、惯例和制度等[③]。而民族性是观念,是民族的本质属性,"民族性不是某些固定的外在格式、手法、形象,而是一种内在的精神。"[④]其次,在稳定性上,传统是历史性的,一般不同历史时期的传统文化表现出来的差异性较大;而民族性是意识的,一般情况下不会随时间的更迁发生变化,除非特殊历史背景下的特异转变。再次,在层次上,民族性是"形而上"的东西,作为民族的本质属性,表明了一个民族在文化等各个方面所可能采取的方法、策略及其文化发展的动力。[⑤]

尽管如此,传统与民族性的关系还是密切的。一个民族的传统文化必定承载着该民族的民族精神和

① 周凯. 美术毕业论文写作. 南宁:广西美术出版社,2000:144.

② (德)黑格尔. 哲学史演讲录(第1卷):8. 转引于金元浦,谭好哲,陆学明. 中国文化概论. 北京:首都师范大学出版社,2001:20.

③ (美)E·希尔斯. 论传统. 傅铿,吕乐译. 上海:上海人民出版社,1991:16.

④ 李泽厚. 美育与技术美学. 天津社会科学,1987,(4):2-5.

⑤ 谭好哲,任传霞,韩书堂. 现代性与民族性. 北京:社会科学文献出版社,2005:541-542.

性格特征,也必定反映出这个民族在某一时代内的精神文化特征,如宗教信仰、道德规范、民俗民风、艺术取向和审美心理等[①]。因而可以说,传统中包含民族性的传统,民族文化是传统文化的主体,传统文化中有些是民族性的,有些则不是。

① 卞宗舜. 艺术设计中的民族性与当代性. 装饰,2002,110(6):64-65.

2.3 家具设计与民族性

——家具的艺术风格代表着一个国家,一个民族文化的一个侧面,反映着一个民族的艺术爱好。(杨耀)

家是家具存在的前提,家具与家的概念密不可分。不同民族之家,必然有不同的家具设计。不同民族生存环境、文化习俗及审美爱好等方面的差异是家具设计民族性的根源,同时也导致了家具设计表现形式的特殊性。

2.3.1 家与家具

家具是指家用器具。正如李砚祖在《造物之美》中所说:"自从有了家,就有了家具。"[②]要研究家具自然首先得了解"家"的概念。家有抽象与具象两重内涵,如指住处则较具体;如指家庭则较抽象。按照人类学家的观点,家可以理解为时间上的一种空间组织,以及随着时间推移在空间上的资源分配。作为一个概念,"家"必须超越由个体和群体表达出来的文化规范和个体的想象,并具有各种各样的形式:记忆和期盼的形式;传统的和创造性的形式;思想上、情感上和身体上的形式;空间和时间上的形式;本土和全球的形式;正面评价和负面评价的形式。正如人类学

② 李砚祖. 造物之美. 北京:中国人民大学出版社,2000:191.

家齐美尔总结的那样，“家”提供了一个“独一无二的综合”，“是生活的某一方面，同时又以特定的方式构成，反映并关联整个生活。”[①]

从家的概念可以看出，家具是家赖以存在的物质基础。没有家具，空有其屋，“家”将不成“家”。人类学家道格拉斯曾说：“家可以被描述成有秩序的活动、布置和相应的设置，以及实现特定交流的物理空间。”[②]家具是家这一个稳定的物理空间内的物质表现形式，其功能、审美、形式等方面势必与家的概念息息相关。家所具有的物质、社会、经济、审美、道德等属性常常制约并影响家具的产生与形成，也赋予了家具丰富多样的功能与千姿百态的形式，使家具成为个体的、多元的、多重语境的，以及相互矛盾的交叉与综合。

家作为一个微观定义上的社区，是“由人、房屋、情感、传统等构成的实体”[③]。人们在其空间内实现经常性交流、劳动分工、权利与义务、餐饮就寝以及资金的转换等活动，由于群体的差异、地域的不同、生活方式的区别，常常赋予家时间与空间上的不同表现形式。这样一来，不难理解家具随着时间、地理、种族、经济、信仰、政治、审美、世界观等方面的差异而体现出来的个性与共性。西方之家与中国之家，汉族之家（中国）与少数民族之家，这种由于民族之间的区别与差异性倾注了家（庭）的独特性，形成了不同民族对家的理解与生活方式，也最终决定了家具的民族性所在。

2.3.2 家具设计的民族性根源

家具是人们在“家”中生活必不可少的因素，它

① （英）奈杰尔·拉波特，乔安娜·奥弗林. 社会文化人类学的关键概念. 鲍雯妍，张亚辉译. 北京：华夏出版社，2005:133.

② （英）奈杰尔·拉波特，乔安娜·奥弗林. 社会文化人类学的关键概念. 鲍雯妍，张亚辉译. 北京：华夏出版社，2005:133.

③ 董晓萍. 说话的文化. 北京：中华书局，2002:195.

是人类几千年文化艺术的结晶，是人类文化积淀的物化形式[①]。家具具有民族性，世界上每个民族由于所处的自然与社会环境的差异性导致了各自独特的风俗习惯、行为方式和生活观念，最终形成了各民族特有的家具文化。通常来说，家具设计民族性产生的源泉主要来自以下几个方面：

① 李赐生. 家具设计的民族性与时代性. 家具与室内装饰, 2004, (9): 86-87.

(1)地域差异

文化是人们适应并改造自然而进行的物质与精神创造的产物，因而文化创造离不开其所处地理位置与地域环境。每个民族为了生存而制造了不少改造自然的器具，这些都是在特定的环境与地域作用下的产物。就家具而言，正是由于地域的差异性，才形成了不同民族各自的生活方式，也最终导致了不同民族家具设计的独特性。家具设计的民族性只有从不同民族独特的地形、地貌等地理环境方面去分析家具所采用的材料、工艺、结构、形态等和家具设计的地域风格，才有利于探索民族性产生的根基。

(2)文化传统

人们创造自己的历史，不是随心所欲的创造，也不是在他们自己选定的条件下创造，而是在自己直接碰到的、既定的、从过去继承下来的条件下创造。前已所述，民族性尽管与传统不同，但任何民族性的东西与文化传统都有千丝万缕的联系，尤其是传统民族文化——作为传统文化中的一个重要组成部分，是民族性形成的根基。家具设计作为一种创造性的活动，自然离不开传统，民族文化的传承性决定了家具设计受传统文化的制约与束缚。在家具设计的民族性分析中，自然少不了对各种传统文化思想的阐释，只有通过对中国古代文化思想深入而细致的探寻，才会促进对家具民族性的认识与了解。

(3)生产方式与社会结构

马克思主义认为:“每个历史埋藏的观念和思想,也可以极其简单地由这一时期的经济的生活条件以及由这些条件决定的社会关系和政治关系来说明。”[1]除了相关文化、地域环境对民族性形成会产生影响,家具的民族性同样应该到民族性赖以形成的社会、政治、经济关系上去寻找依据。由于每一时期经济发展水平、社会生产组织方式、社会制度等方面的差异,造成了家具的制作水平、使用方式和价值观等方面的不同,并最终促成不同时期家具设计的民族性表现。

① 童萍.关于文化民族性的几点思考. www. cul. sina. com. cn ,2005 - 08 - 16.

(4)建筑设计观

“建筑是表,家具是里”[2](杨耀)。无论是从设计上,还是文化上,家具作为室内环境中的主要构成物,无疑来自建筑的影响是最大的。建筑空间的大小与组织直接影响家具的尺寸造型与布局;对建筑结构与材料等方面的仿效,促进了家具形式与风格的生成;建筑的审美与装饰形式,也最终反映并体现到家具设计的理念上。从某种意义上说,正是不同民族建筑设计的民族性才造成了家具设计的民族性,因此,在家具设计民族性的探讨中必须结合一些建筑方面的背景和建筑设计理念来探讨。

② 杨耀.明式家具研究.北京:中国建筑工业出版社,2002:11.

2.3.3 家具设计的民族性表现形式

家具是人们生活方式的反映。家具必须反映生活,而生活离不开文化之根,文化是孕育家具文化的土壤。正是因为有了民族文化的滋养才使得家具焕发出“记忆中的活力”。[3]家具设计中,民族性分析还

③ 蒋绿荷.家具与民族文化之研究.家具与室内装饰,2002,(6):16 - 18.

要从民族性的表现形式去研究，通常民族性的设计表现形式主要体现在以下几个方面：

(1)设计价值观

价值观是一个民族的精神取向，是"一个民族的成员评价行为和事物以及从各种可能的目标中选择合意目标的标准。它决定着民族成员选择什么样的生活方式、生活目标以及生活态度等，它内含一个民族的终极关怀"[①]。而家具设计是人们生活方式的一种设计，自然与民族的价值观取向息息相关。民族的价值观决定家具设计的文化取向与品格，并表现出不同的设计价值取向。

① 李宗桂.儒家文化与中华民族凝聚力.广州：广东人民出版社，1998:25.

(2)设计传统观

传统是一个人、一个民族生存的根基，民族传统文化也是家具设计不断发展与进步的"土壤"。家具设计的民族性体现了传统文化的特征，在不同时期尽管民族设计个性、风格有所差异，但这种差异性都是设计先辈知识结晶的推陈出新，民族中代代相传的传统观念并不会在短时间内消灭。在任何时代，民族传统是家具设计不可抛弃的设计创新因子。正如古人云："以人为镜，可以衣冠；以史为鉴，可知得失"(《贞观政要》)。

(3)设计方式

不同民族生产、生活方式的差异，必然导致设计方式的不同。在中华民族的生活习俗、饮食、服饰、社交、娱乐等活动中所产生的文化意识，决定了家具设计的方式，包括设计的内容与表现形式。不同时期家具类型的变化，以及家具的材质、结构、色彩、造型及装饰等方面的差别都是民族文化鲜明特征的表现。

(4)设计意识

设计意识也可以看成是设计理念。在民族文化的形成中，中华民族通过其独特的语言、文字、艺术、社会习俗、道德观、宗教信仰以及民族自豪感等所表现出来的民族情感会潜移默化地注入设计中，这些可以从不同时期家具设计的特点中看出。在特定时期民族设计意识的认同决定家具风格的一致性。

(5)设计精神

在设计中，常说“传其神”，这里的“神”指的就是民族精神。民族精神是民族性的最高层面，是民族文化的核心，也是民族文化的精华。在家具设计中，中华民族精神在设计中的体现往往难以明显体察到。只有当两种文化进行对比时，才会体察到民族精神在设计中的作用，才会感觉到中华民族博大精深的文化底蕴所赋予家具方面的品质。在西方，中国古典家具风格素有“中国主义”之称，由此可见，中国家具最终所展现的设计精神是中华民族文化的精神作用所在。

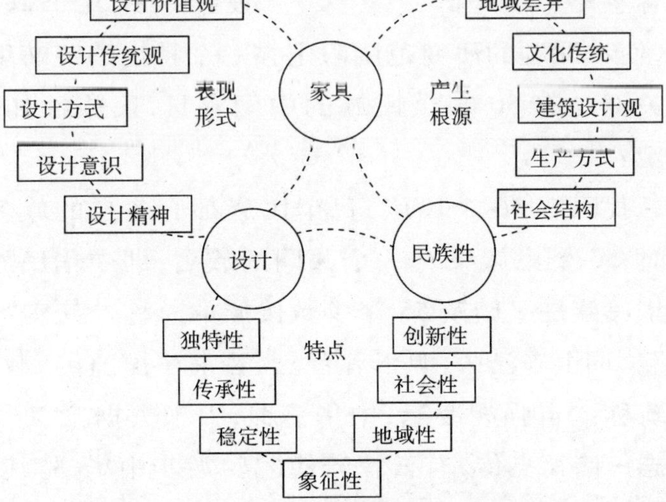

图2-1　家具、设计与民族性之间的关系图

正如江泽民同志所说："一个民族，一个国家，如果没有自己的精神支柱，就等于没有灵魂，就会失去凝聚力和生命力。"[①]家具设计正是如此，只有建立在民族设计精神的价值取向上，才会涌现出具有活力与生命力的优秀设计作品。

① 转引于姜淼. 论文化民族性及其建设（学位论文）. 哈尔滨：东北师范大学，2004:9.

2.4 中国家具设计的民族因缘

——天有时（时缘），地有气（生缘），材有美（形缘），工有巧（人缘），合此四者，然后可以为良。（《考工记》）

中国家具是中华民族50多个民族家具文化的结晶。要探讨中国家具设计的民族性，可以从设计"因缘"的角度去剖析中国家具的民族因缘。

2.4.1 中国家具的界定

在本论著的论述中，民族性研究前的几个定语不容忽略："中国"、"家具"、"设计"，这几个修饰词，使本课题的研究范围限定在一个特定的范畴里。但关键是有50多个民族的中国家具，民族性如何界定？

我国有56个民族，每个民族都有各自的族名。同时，56个民族又有一个共同的族名，即中华民族。中华民族是汉族及55个少数民族的总称。其实"中华"一词由来已久，源于魏晋。《晋书·桓温传》载温上疏称："自强胡凌暴，中华荡覆，狼狈失据。"又《三国志·诸葛亮传》有云："若使（亮）游步中华，骋其龙文……。"可见最早"中华"是为地域之称，"中"即中原，"华"即"衣冠华族"，主要指汉族居住区。到了唐代，据《资治通鉴》卷一百七十八载："自古皆贵中华，贱夷伙，朕独爱之如一。"在这里"中华"就有族称之意，但主指汉族。[1]

在以后漫长的历史演变过程中，由于社会的进步，疆域的扩大，各个民族之间的交往与联系日益加强，逐步形成了一些民族共同体要素，包括各民族的共同语言、共同地域、共同经济生活以及表现于共同文化上的共同心理素质[2]。特别是近代西方列强与日本的入侵，更加促进了中国境内各民族的团结与群体意识的形成，在政治、经济、文化上形成了统一的、具有鲜明个性的民族特性，就如孙中山在 1912 年元旦就任中华民国临时大总统的宣言书中所言："国家之本，在于人民。合汉、满、蒙、回、藏诸地为一国，合汉、满、蒙、回、藏诸族为一人——是曰民族之统一。"[3]这个统一的民族即"中华民族"，并得到少数民族的认同。中华人民共和国的成立，更加明确了中华各民族的一致性与不可分割性。

由此看来，中国的民族性应该是中华民族文化的结晶。而对于中国家具来说，其民族性应是中国各族人民（中华民族）在长期生活中所积淀下来的家具文化特质，并表现出与其他民族（如美洲民族、阿拉伯民族等）不同的民族个性。一方面，由于中国家具具有辉煌的成就及文化积淀，到明清时代已是鼎盛之时，从民国到现代，家具失去了往日的历史地位与鲜明的民族特色。另一方面，由于民族性是一种内在精神，是历史性的，并不会随时间的变迁而泯灭。所以笔者认为，中国家具的民族性应更多地从中国几千年的家具历史与文化沉淀中去挖掘、去总结，鉴于此最终将本课题的研究时限定为明清以前。

① 佚名. 民族性. 素质教育文库，2003：6－7.

② 张岱年，方克立. 中国文化概论. 北京：北京师范大学出版社，2001：9.

③ 佚名. 民族性. 素质教育文库，2003：6－7.

2.4.2 设计的"因缘"

中国人非常相信并重视"因缘"。佛经中有一首偈语:"因缘会遇时,果报还自受。"认为:"一切现象皆因缘和合,没有独立的实体或主宰者","世界万物因缘和合而成"(《肇论》)[①]。在现实生活中,婚姻起于姻缘,"有缘千里来相会,无缘……"。这种事物皆有"因缘"观似乎成了中国人阐释人生与万物的哲学伦理。同时西方存在主义哲学观也认为:"存在着某个事物具有一个根据并且是有条件的"[②],"上手的东西的存在性质就是因缘"[③]。也就是说存在着的事物其存在性质就是"因缘"。这种"因缘"的阐释观体现在设计中更何况不是如此呢?设计创造万物的过程何尝不是在进行一种"因缘"的构建过程?

那么何谓因?何谓缘?按照佛教中解释:"前后相生,因也;现相助成,缘也"(《维摩诘经》僧肇注)[④],"因"是指相互关系,"缘"是指各种条件。因缘就是一切现象和一切事物生起的关系和条件。设计的因缘也正是指诸事物产生的因果规律。

依据上述的解释,笔者尝试用一种"因缘"的观点来对设计进行定义:设计是一种求"因"构"缘"的过程,求"因"是去掉主观成见,根据事物的客观规律去认识与创造事物。像《管子·心术》中的"因也者,舍己而以物为法者也"[⑤]就是这个意思,设计的求因要求在设计中"因人而宜、因地制宜、因时制宜、因材取形"。构"缘"即强调设计是一种"缘"创性的活动,设计物缘(求新)的创造过程是人缘、生缘、时缘、形缘、和缘的建构过程,应该考虑到与人宜(求真)、与生融(求善)、与时进(求变)、与形合(求美)的和谐共

① 邱运华,马固钢. 中外文化概论. 长沙:岳麓书社,1996:408-409.

② (德)黑格尔. 逻辑学(下卷). 杨一之译. 北京:商务印书馆,2003:117.

③ 杨庆峰. 技术现象学初探. 上海:上海三联书店,2005:206.

④ 金元浦,谭好哲,陆学明. 中国文化概论. 北京:首都师范大学出版社,2001:409.

⑤ 北京大学哲学系中国哲学教研室. 中国哲学史. 北京:北京大学出版社,2006:63.

生(求存)。设计的因缘可以用图 2-2 加以表示。

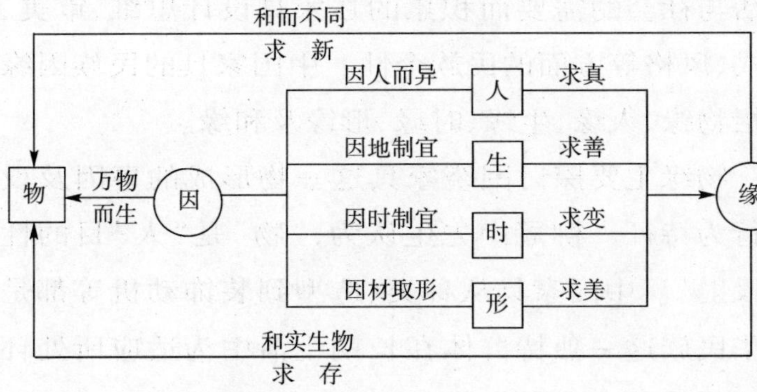

图 2-2　设计的因缘图

2.4.3　中国家具的设计因缘

家具是人类几千年来文化艺术的结晶。它伴随着人类的脚步,从远古走向今天,人类生活的每一步变化,都会在它的身上以不同的形式体现出来,就像人类生活的另一种诠释,演绎着人类文明的进程[①]。尤其是中国人,其生活重心靠"家",不像外国人的生活靠团体[②]。家具在中国人生活中扮演着非常重要的角色,因而自古以来中华民族就有了非常重视家具设计的传统,家具也成为展现中华民族智慧与才能的缩影。从器物的角度来看,中国家具与灯具一起被公认为中国器物艺术突出的典范[③]。从设计理念的角度来看,中国家具与园林设计一起被设计界认为是设计中东方风格的代表。由此可以看出,家具在中国人眼中的地位及其对其他造物的影响及意义。事实上,中国人一直在寻求与生活相关的具体影缘[④]。在中国幅员广阔的土地上,由于各民族之间长期的交流和融合,以汉文化为主体的中国家具已经形成一种有着共同特征和鲜明特色的民族个性与风格。那么,何谓中国

① 陈洛加. 外国美术史. 重庆:西南师范大学出版社,1995:1.

② 金元浦,谭好哲,陆学明. 中国文化概论. 北京:首都师范大学出版社,2001:114.

③ 高丰. 中国器物艺术论. 太原:山西教育出版社,2001:13-14.

④ (台)汉宝德. 中国建筑文化. 北京:三联书店,2006:148.

家具设计的民族性？笔者认为，应该是中华民族因其生活与社会的需要而积累的在家具设计思维、审美、形式、风格等方面的民族个性。中国家具的民族因缘包括物缘、人缘、生缘、时缘、形缘及和缘。

物缘主要探讨围绕家具这一物形成的事因及设计行为特征。柳冠中先生认为，“物”是“人”目的性的投射[①]。中国家具从种类、造型到装饰动机等都是中华民族这一独特群体在长期生活中为适应所处环境而形成的本土文化。

① 柳冠中. 事理学论纲. 长沙：中南大学出版社，2006：21.

人缘主要体现在设计是以人为中心而展开的过程[②]。西蒙认为，设计是创造人造物的过程。人在设计中是主角，既是创造者，又是使用者；既是主体与源泉，又是对象与目的。正是由于中华民族勤劳、朴素、务实的个性，才造就了中国家具独特的人文价值观。

② 柳冠中. 事理学论纲. 长沙：中南大学出版社，2006：22.

生缘是指设计赖以形成及存在的生境[③]。既包括设计物质文化赖以存在的自然生境，又包括设计精神文化赖以形成的社会生境。在设计中，由于不同民族的自然生境与社会生境具有独特性与特殊性，二者结合构成了一个民族的生存环境，即设计的生缘。中华大地独特的地理环境及自然风貌，以及中国文化长期积累并传承下来的伦理、道德、习俗等社会因素，促进了中国家具设计中独特的空间观及生态观。

③ 生境即生存环境。见：罗康隆. 文化人类学论纲. 昆明：云南大学出版社，2005：23.

时缘是指设计为适应时代要求不断创新进取而体现出来的时代影缘。所谓“时”，指的就是切合实际，使主观与客观相协调。任何时代、任何社会，由于科学技术与生产力水平的进步与发展，促成了设计表现形式及特征的更替。中国家具尽管具有一脉相承的传承特点，但其在不同年代由于设计赖以产生的物质基础与上层建筑的变化，促成了中国家具的时代特征，形成了中国家具的时代影缘。

形缘是从形式角度探寻设计得以产生的内在因素，主要包括设计与生产制造的材料、结构、工艺、技术等。实际上，材料、结构、工艺是制约家具形式的关键要素，中国人对木材特有的情感及中国古代科技的发达，是中国家具婀娜多姿与东方神韵形成的缘由。

和缘是指集物缘、人缘、生缘、时缘、形缘于一体和谐共存的一种关系，它要求设计中既考虑设计的人、地、时、事等外因，又考虑设计的材料、结构、工艺及技术等内因[①]，使影响设计成效的各方面要素之间能相互协调和合以达成和谐之美。天时、地利、人和是中国古代军事战略上成功的法宝，中国家具设计的昔日辉煌正是这几方面要素共同作用的结果。《考工记》曰："天有时，地有气，材有美，工有巧，合此四者，然后可以为良。"从中可以看出早在两千年前，中国人就有了整合人缘、生缘、时缘、形缘等因素的和谐设计观（图2－3）。这种观念赋予了中国古代家具先进的设计理念，深深地影响了中国古代工匠的家具设计观；这种观念造就了精美优良的中国家具，使得中国家具设计在世界家具史上挥写了重要一笔；这种观念也是中国家具的传统设计思想，指导并激励当代家具设计师创造适应时代所需的"新中式"家具，重振中国家具的昔日雄姿。

从下一章开始，将透过中国家具的物缘、人缘、生缘、时缘、形缘及和缘依次探寻中国家具的现象、价值、存在、特性、生成及未来，逐一剖析中国家具设计的民族特性。

① 柳冠中. 事理学论纲. 长沙：中南大学出版社，2006：21.

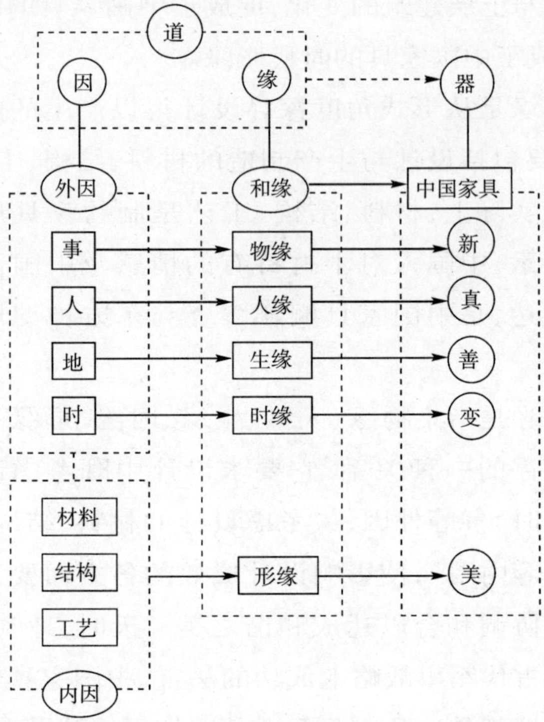

图 2-3　中国家具的设计因缘图

2.5　小　结

为了本论著的深入研究，本章就一些关键性的概念与观点进行了界定与阐述。

民族是指生活在一定区域、在特定历史条件下形成的具有相同语言与文化习俗的人们共同体。与传统不同，民族性是一个比较概念，是一个民族的本质属性，反映一个民族的内在精神和个性。

设计的民族性是指在设计中引入特定民族文化类型的基本特质，它反映民族特有的文化心理、审美情趣、思维方式、价值观念、国民品性等本质特征，表现出民族风格与个性。中国家具设计的民族性是中华民族因其生活与社会的需要而积累的在家具设计思维、审美、形式、风格等方面的民族个性。

在家具设计民族性的探讨中，一方面，离不开民族性根源的追究，如地域差异、文化传统、生产方式与社会结构、建筑设计观等；另一方面，不同民族会形成不同的设计表现形式，如设计价值观、设计传统观、设计方式、设计意识和设计精神等。

从佛教“一切现象皆因缘和合”与现象学存在主义哲学的“因缘是事物的存在性质”等思想中可以看出，“因缘”是解释世界万物或现象存在意义与性质的一种方法。笔者从中创立了设计的“因缘观”，强调设计是一种求“因”构“缘”的过程。在设计“缘”创性活动中，包括从物缘、人缘、生缘、时缘、形缘到和缘的整合过程。同样，中国家具设计的民族性探讨，也可以借用设计的因缘观加以剖析。透过中国家具的事、人、境、时，可以探讨中国家具的物缘求新、人缘求真、生缘求善、时缘求变；透过中国家具的材料、结构、工艺等可以探求中国家具的形缘美规律；从中国家具的和缘中也可以启示现代中国家具设计创新之路。“器（中国家具）以道载，以道释器”，研究中国家具的“因缘”之道，可以体察到中国家具的形成根源与特征表象，从而归纳出中国家具设计的民族个性。论著的主体（后续章节）都是鉴于此思路而展开的。

第3章　中国家具之现象——物缘求新

3.1　缘　起

——"物有本木，事有始终，知有先后，则近道矣。"(《大学》)

"艺术的起源，就在文化起源的地方"。[①]家具的出现是伴随着人类文明的产生而产生的，中国家具是中国文化的产物。那么中国家具源于何时？最早的家具雏形应该是怎样？笔者推测，最早的家具也许属于木制品或木器，因为人类最初制造的工具是木器和石器[②]，而石器难于加工成形态复杂的家具形体。由于木器容易腐烂难以保存，至今考古中尚未发现距今1万年以前的木器，家具当然概莫能外。这样就给研究中国古代家具的起源带来了相当大的难度，早期的家具探索只能借助古代文献的记载或古史传说而揣测，据《壹是纪始》卷十一记载："神农作席荐"，从中可以看出原始社会晚期就有了家具[③]。

在所有的家具类型中，坐具的出现举足轻重，"席"作为我国最早的成形坐具，早在八千年前就已出现[④]。早期的席兼具坐卧两重功能，透过其原始形

①(德)格罗塞.艺术的起源.蔡慕晖译.北京:商务印书馆,1996:26.

②孙秉莹，赵连泰，冯兴盛.世界通史纲要.长春:吉林文史出版社，1987:7.

③刘景峰.中国古典家具收藏与鉴赏全书(上).天津:天津古籍出版社,2005:102.

④李宗山.中国家具史图说.武汉:湖北美术出版社,2001:229.

态及礼仪制度,可以窥见中国人早期生活的影缘。

3.1.1 一"席"之地

席的重要性和在中国人生活中的地位,从汉语中的"占有一席之地"、"主席"的意思中就可知晓。恩格斯认为:"劳动创造了人本身。"[①]人类从早期猿人的四肢行走过渡到直立人的直立行走,其表现出来的行为特征应是受自然环境约束的减弱和自我表现意识的增强。也许是随着身体重心离开大地距离的增加,人本身可能会产生一种远离自然束缚的欲望与动机,席的出现正是实现这种原始思维表象的结果。从精神上理解,从原来的贴身于大地或卧或坐或行,到人铺席坐卧,可以说是早期人类征服自然、摆脱自然谋取自身生活的第一步;从心理上说,席的产生满足了人类自身生活空间与防御空间的潜意识心理所需;从物质功能和生理上分析,是人类为抵湿御寒与驱蚊除虫的需要。

席的最早雏形是原始人类铺于地上的树叶、树皮、草垫、兽皮等。《易·系辞下》曰:"上古穴居而野处。"人类能够利用天然洞穴生活的时间应是两三百万年以上,而能靠自己建造的早期房子却是距今一两万年的事[②]。可以推测,由于早期洞穴或自建房屋生活空间的狭矮(图 3-1),很难满足任何体积较大家

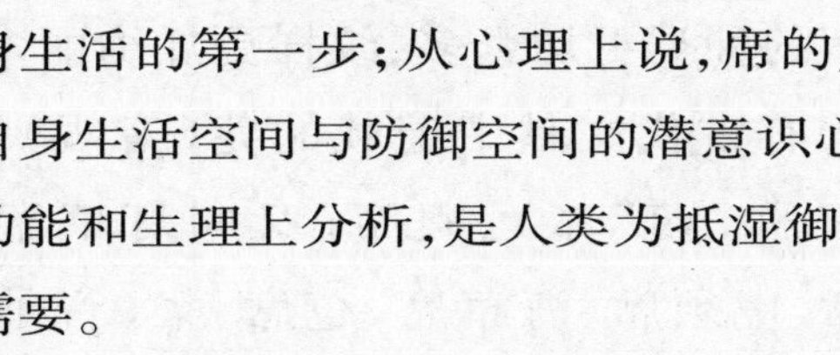

图 3-1 吴江龙南 1 号室内空间与陈设复原示意图

① (德)恩格斯. 自然辩证法. 北京:人民出版社,1971:149.

② 于伸. 木样年华——中国古代家具. 天津:百花文艺出版社,2006:3.

具的空间占有，加上制造能力的限制，客观上决定了“席”应是最早出现的家具之一。

在我国新石器时代早期，由于编织与缝纫技术的发展，相继出现了手工制作的具有成熟形态的编织席和纺织席。例如在山东北辛文化和内蒙古兴隆洼文化遗址中，就发现了2000年前印有席纹的陶片；在浙江余姚河姆渡遗址中，发现了距今约7000年的现知最早的编织实物；在江苏吴县草鞋山遗址下层的居住面上（马家浜文化）发现了距今6000年左右的草绳、草束和编织的芦席、篾席及最早的纺织物残片；在浙江吴兴钱山漾遗址中，还发现了距今5000年前后的大幅竹席、篾席。[①]

① 李宗山. 中国家具史图说. 武汉：湖北美术出版社，2001：49－50.

进入文明社会以后，由于加工工具与制作技术的改善，席的种类更加繁多，纹样更加绚丽多彩。从品种上看，有古代文献中记载的莞（音观）席、蒲席（其上品又称“蒻”席）、蔺席（又叫灯草席）、马荐席、龙须席、虎须席、海草席、苞席、粲（音灿）草席、蓍（音湿）艾席、紫茭席以及不见于文献的芨芨草席、茅草席等[②]。至于按纹样或图案分，席的种类更加不胜枚举。像竹篾席中的人字形、菱花形、格子形、十字形等编织纹样，以及采用梅花眼、辫子口等技巧编织出来的图案，充分展示了中国古代劳动人民在征服自然中所展现的聪明才智和对美的追求。正像马克思所说：“劳动创造了美。”[③]透过繁复多样的品种与纹样可以看到中国人是非常热爱生活的。对生活细节的倾注和对美的追求是形成早期席类的设计动力与源泉。

② 李宗山. 中国家具史图说. 武汉：湖北美术出版社，2001：50.

③（德）马克思恩格斯选集（第二卷）. 人民出版社，1976：95. 转引于朱增华，陈文化. 技术美学概论. 长沙：中南大学出版社，1994：141－142.

3.1.2 席地起居

“席”在中国古代家具中，除了承担起坐具与卧具的基本功能外，同时由于席的质地、装饰以及使用者的等级与名分等方面的差异，形成了一系列围绕“席”的起居习俗和礼仪制度，这些在《周礼》、《仪礼》、《礼记》等古代文献中都有所记载[①]。

据《考工记》文献所说：“周人明堂，度九尺之筵，…堂崇一筵。”以周尺一尺为19.91厘米计算，九尺约180厘米，在一筵之高的早期狭迫生活空间内，只宜于席地起居[②]。在这种生活条件下，席作为最早的寝坐用具，其发挥的作用与影响可想而知。

席地而坐的起居方式是先秦时代和早期古典家具时期的家具形态和类型的形成根源，决定了当时家具低平稳重的造型特点。同时在席地生活习俗中，在“席”的基础上，中国古人发明了床、榻、几案等坐卧用具，构建了一套相对完善的低矮家具体系。当人们看到一些早期文献中的图形及文化遗址中的古老家具，似乎可以从记忆中重温中华民族先祖们的生活。特别重要的是，透过“席”地起居的生活方式，从中映射出中国人早期礼仪及等级观。

(1)席地坐姿

据《史记·索隐》记载：“古人跪坐，由《礼仪》‘视膝’之言证之。跪与坐相近而微不同。”[③]可见古人席地而坐，坐姿与跪态差不多。“长跪”在古代又称“跽”，要求坐姿将臀部抬起，上身挺直。[④]古时对席坐的姿态即坐容非常讲究。汉代贾谊在《新书》中提到：“坐以经立之容，肘不差而足不跌，视平衡，曰经坐。微俯视尊者之膝，曰‘共(恭)坐’。仰首视

① 聂菲. 家具鉴赏. 桂林：漓江出版社，1998:34.

② 张吟午. 先秦家具的陈设与使用. 江汉考古，2001,(2):59-62.

③ 尚秉和. 历代社会风俗事物考. 长沙：岳麓书社，1991:240.

④ 赵琳. 魏晋南北朝室内环境艺术研究. 南京：东南大学出版社，2005:142-143.

不出寻常之内，曰‘肃坐’。废首低肘，曰‘卑坐’。坐容也。”可见“坐容”有经坐、恭坐、肃坐和卑坐之分。经坐是最普通的坐相，也称危坐[①]或跪坐。要求屈腿，膝盖着地，臀部坐在双足的后跟，两手放在膝前，胳膊平行，脚跟不能乱动，眼睛向前平视。经坐是早期中国合乎礼节的席坐方式，据李济先生考证：“跪坐（经坐）是尚鬼的商朝统治阶级的起居法，并演习成为一种供奉祖先、祭祀神天，以及招待宾客的礼貌。周人商化后，加以光大，发扬成为‘礼’的系统。”[②]所谓恭坐、肃坐、卑坐，则是在保持经坐的姿态上，仅仅是抬头、俯首要求合乎相应的规矩[③]。

早期的坐姿除跪坐外，还有“箕踞”，以及东汉后出现的“胡坐”。“箕踞”是古人视为不敬不礼的坐姿，又称箕股、箕倨，或简称箕、踞。其姿态有两种说法，其一是把臀部坐在地上，曲起双膝，足底着地。殷墟遗址中出土的箕踞石人（见图3－2）表明商代就出现了这种违礼的坐。其二是臀部坐在地上，向前伸开双足，像只簸箕。[④]如师古曰：“箕踞，谓伸其两脚而坐，形似箕”（《陆贾传》）[⑤]。而“胡坐”一词则见于《后汉书》，指的是交胫而坐的垂足方式，已经不是席地而坐的坐态范畴讨论之内，下节将侧重讨论。

总之，中国古代礼俗观念中，跪坐礼俗是席坐起居的核心，其他避席等席坐礼节都是以此为根本的。正是因为席地跪坐的习惯与观念未曾改变，因而早期家具形态从席到床、榻及其他家具配置在几千年历史中并未发生本质上的改变。

①《史记·日者列传》卷一百二十七：宋忠、贾谊瞿然而悟，猎缨正襟危坐。

② 李济．跪坐蹲居与箕踞——殷墟石刻研究之一．见：李济．李济考古学论文集．北京：文物出版社，1990：959.

③ 朱启新．文物物语．北京：中华书局，2006：5－6.

④ 朱启新．文物物语．北京：中华书局，2006：6－7.

⑤ 尚秉和．历代社会风俗事物考．长沙：岳麓书社，1991：240.

坐姿	跪	经坐	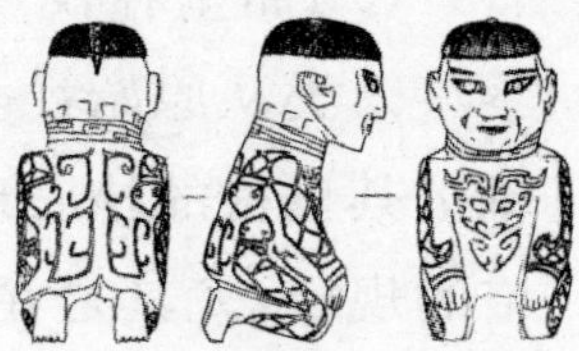
		恭坐	
		肃坐	
		卑坐	
	箕踞		
	胡坐		

图3－2　古代坐姿分类及图例

(2)席坐礼仪

人类从原始社会进入奴隶社会后,统治阶级为了维护其皇权的核心地位,对人们的起居言行进行了严格的规定,尤其是在席的陈设、规格、数量中可以略见等级、名分、尊卑、次序等在当时特定历史背景下的不容紊乱与违反(图 3－3)。[①]

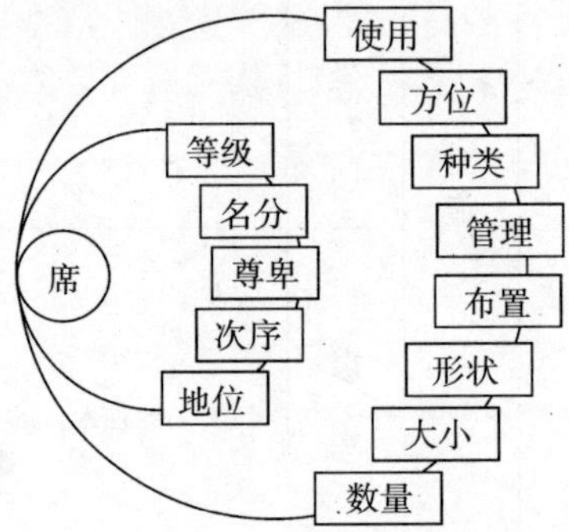

图 3－3 古代席使用的礼仪示意图

其一,在席的使用与方位上,古代中国人围绕席派生了许多礼节。史书中的"毋践履,勿躇(音集)席"(《礼记·曲礼》),"极敬之所,莫不皆跣"(《隋书·礼仪表》),意思是说登席必须由下而升,后面进入的人不得蹋前面进入者的履,也不得践踏坐席[②]。为避免踏脏铺席,又形成了室内脱鞋的礼俗。《礼记》中记载的"曾于易箦",讲述的就是曾于临死之前也要恪遵礼仪制度,将李孙大夫赐予的席换掉,以求死得合乎礼规。[③]此外,席的方位既有上下之分,如《隋书·礼仪表》记载:"数人连坐,升席必由下,则后而升",不能"升从席前",从席上下来之时必须由前下席;又有左右之分,一般右为上为尊,左为下为卑[④];还有东西之分,据《燕礼》:"司宫筵宾于户西,东上;小臣设公席于阼阶上,西向。是礼坐公西向、宾南向也。"[⑤]一般客人坐东,主人坐西,东向为尊。

① 胡文彦,于淑岩. 中国家具文化. 石家庄:河北美术出版社,2002:10－13.

② 胡文彦,于淑岩. 中国家具文化. 石家庄:河北美术出版社,2002:10.

③ 众达. 用木头构架的绚丽诗篇. 中国林业产业,2006,(2):30－31.

④ 姚志国. 中国古代家具与人生礼议. 中原文物,1999,(4):75－78.

⑤ 尚秉和. 历代社会风俗事物考. 长沙:岳麓书社,1991:241.

其二,从席的种类与管理上,也有等级限定。《周礼·春官》中曰:“司几筵掌五几五席之名物,辨其位,与其位。”其中五席指的是莞、缫、次、蒲、熊[1]。所谓“司几筵”是指根据场合、地位和身份的不同而专门负责铺设几席的官员,可见席在当时人们心目中的地位。

其三,在席的布置方面,古人在席的铺设方式、摆放位置及铺陈次序上极为讲究,且规定明确。《周礼·春官》中贾疏曰:“凡敷席之法,初在地者一重即谓之筵,重在上者即谓之席。”就是说,如果是多层设席,最下面的一层被称作“筵”或“筵席”,置于上面的一层(或不止一层)被称为“席”。筵和席由于所承担的功能不一样,前者一般粗而大,后者精而小,贴身而坐略显舒服,体现人们对舒适性的本能要求。多层席随季节的变化各有取舍,如莞、簟(音垫)同设时,莞席在下(称“莞筵”);莞、蒲或萑(音环)、蒲同设时,蒲席在下(称“蒲筵”);荐、席同设时,荐在下(《周礼》、《礼记》、《晏子春秋》)。[2]此外,据《论语·乡党篇》:“席不正不坐,君赐食,必正席,先尝之”,可见席的摆放位置的重要性。

其四,在席的形状、大小及数量上,古代“席”也有许多礼法。席的长短大小不一,有独席、合席、连席之分,长的可坐多人,短的只能坐一、二人。独席一般为长者、尊者或贵宾所坐;合席,又名“合欢席”,常常为夫妇合坐;连席一般为人数较多时所设。同坐一席者也要按尊卑长幼依次而坐,长者或尊者须上坐,且同坐一席的人要求身份不能差别过大,否则被视为对长者或尊者的不敬或污辱。如《礼记·曲礼上》就明确规定:“群居五人则长者必异席。为人子者,居不主

① 莞席是一种用俗称水草的莞草编制而成的草席;缫席是用蒲草染色编成花纹,或以五彩丝线夹于蒲草之中而编成的五彩花纹之席;次席是一种用桃枝竹编成的竹席;蒲席是用一种生长在池泽中的水草编制而成;熊席是专用于天子四时田猎或出征时所用,多以熊皮或兽皮制作而成。见:胡文彦,于淑岩.中国家具文化.石家庄:河北美术出版社,2002:10.

② 李宗山.中国家具史图说.武汉:湖北美术出版社,2001:53.

奥(室内西南隅的神位或长者之位),坐不中席(不敢居尊位)。”[①]可见席的座次与形制直接反映了坐者身份地位的尊卑。另据《周礼》记载:“天子之席三重,诸侯二重。”天子是三重席,是最高等级之席,“改莞筵纷纯,加缫席画纯,加次席黼(音甫)纯”(《周礼·春官》)。诸侯是二重席,“蒲筵缋(同绘)纯,加莞席纷纯”[②]。这种席的设置多寡,充分体现了古时设席以多为贵的等级观念。

① 李宗山.中国家具史图说.武汉:湖北美术出版社,2001:53.

② 胡文彦,于淑岩.中国家具文化.石家庄:河北美术出版社,2002:11.

3.2 跃起

中国家具在几千年历史长河的发展中,由于经历了从“席地坐”到“垂足坐”两种生活方式,因而家具发展史走着与西方迥然不同的道路,形成了具有鲜明民族特色的家具风格和独特的家具文化。由于受封闭性、连续性及保守性的文化特征影响[③],中国家具一直是沿着稳定、一脉相承的轨迹发展,但在家具形制变化与风格演变中,有两个事件具有经典意义:一是“椅子”的出现,二是明清家具风格的形成。前者促成了由低矮家具向高型家具的飞跃,后者标志了中国古典家具设计的顶峰。

③ 李秀敏.中西家具文化比较研究(学位论文).南京:南京林业大学,2003:12.

3.2.1 椅之出现

——每一个真正的原创的理念,每一个设计的创新,每一种新材料的应用,每一种家具技术的发明,都可以在椅子上得到最鲜明的表达。(乔治·尼尔森[美])

由于中国人最早发明了席,早期就形成了席地而坐的低矮家具系列，到了汉代已是鼎盛时期。后来，椅子从床中分离出来，是家具从矮型转向高型的标志，标志着中国家具步入了一个新的时代，为中国家具史写下了新的篇章。

尽管相对于古希腊、古埃及等国家，中国家具中“椅”的出现在时间上整整晚了两千多年[①]，但作为坐具，椅的出现确实意义非凡。其一，从生活方式上看，椅是属于高坐系列的主要类型，使人们摆脱了席地跪坐的生活概念；其二，从文化的角度看，中国是世界上唯一的一个经历过席坐与椅座两种生活方式的东方国家，像日、韩等国家，至今仍还保持着席地坐的传统生活模式，反映中国人有一种对传统漠视与包容的民族本性和文化取向。正如英国威尔斯所说：“当西方人的心灵为神学所缠迷而处于蒙昧黑暗之中时，中国人的理想是开放的、兼收并蓄而好探求的。”[②]

从设计上说，椅子相对于席坐而言，其舒适性不言自明，反映了中国人对舒适生活的美好追求。同时，椅子是最能体现设计构想的器具，为家具新品种及形制的变化带来了更大的创意空间，为中国古代工匠们提供了一个崭新的施展才智的机会，暗示着中国家具史上一个新的时代即将来临。

(1)椅之由来

在古代，“椅”本是一种树木的名称，《诗经》中就有“其才同其椅”、“树之榛栗，椅桐紫漆”之说。作为一种有靠背的坐具，椅子的名称始见于唐代，如唐·佚名《济渎庙北海坛祭器杂物铭碑阴》记载：“绳床十，内四倚子。”“倚”通“椅”，只因多为木制，后来就用椅子代替了“倚子”[③]。对于椅子的形制在中国中

① 古埃及在约4500多年前的第四王朝时期已有了较成熟的椅子。而古希腊、古罗马时期的西方更早有了高坐体系。见：邵晓峰.敦煌壁画在中国古代家具嬗变研究中的独特价值探微.南京艺术学院学报，2004，(4)：88－91.

② 于伸.木样年华——中国古代家具.天津：百花文艺出版社，2006：79.

③ 华夫.中国古代名物大典.济南：济南出版社，1993：3－4.

原大地何时出现之问题[①]，目前学术界有两种看法。大多数人认为，作为高型家具的典型代表，椅子是由西域的北方游牧民族传入中原的。陶穀《清异录·陈设门》记载："胡床掩转开以交足，穿便绦以容坐，转缩须臾，重不数斤。"[②]《后汉书·五行志》记载汉灵帝"好胡服、胡帐、胡床……京都贵戚皆竞为之"，《事物经原》中说："汉灵帝好胡服，景师作胡床，此盖其始也，今交椅是也。"[③]由此看来，东汉时期的胡床即折叠凳子，并非卧具，是一种可以折叠便于携带，以绳子为面的凳子（类似于北方的马扎），这种特征是与北方游牧民族的生活习性相适应的。实际上"胡床"取名之缘由，大概是因为古时多称少数民族为"胡人"，而"床"与"椅"一直到唐代都是混用的，这可以从唐诗中去考证。如李白在《静夜思》中写道："床前明月光，疑是地上霜。举头望明月，低头思故乡。"根据诗中所说场景与逻辑判断，诗人应是坐姿而不是睡姿，因为睡姿没有"低头"与"举头"之分，诗中的床应是"椅子"；杜甫《少年行》中的诗句也可以作为这一看法的有力佐证，"马上谁家白面郎，临阶下马坐人床"，可见床确是一种坐具[④]。"胡床"在唐代穆宗以后又改称"绳床"，但其造型上有了靠背，形如今天的靠背椅，例如宋程大昌《演繁露》曰："今之交床，制本自虏来，始名胡床，恒伊下马据胡床取笛三弄是也。隋以谶有故，改名交床。唐穆宗于紫宸殿御大绳床见群臣，则又名绳床矣"，"绳床，以板为之，人坐其上，其广前可容膝，后有靠背，左右有托手，可以搁臂，其下四足著地。"[⑤]宋代以后"交椅"（图3-4）的造型也正是在"胡床"的基础上演变而来的。

① 我国最早的家具实物是出现在新疆地区的汉代木椅（形制为靠背椅），被认为是中西文化交流的纽带。见：李宗山. 中国家具史图说. 武汉：湖北美术出版社，2001：230.

② 陆志荣. 清代家具. 上海：上海书店出版社，2002：21.

③ 柏德元，潘嘉来. 中国传统家具. 北京：人民美术出版社，2005：15.

④ 柏德元，潘嘉来. 中国传统家具. 北京：人民美术出版社，2005：94-95.

⑤ 暨远志. 绳床及相关问题考. 考古与文物，2004，(2)：70-75.

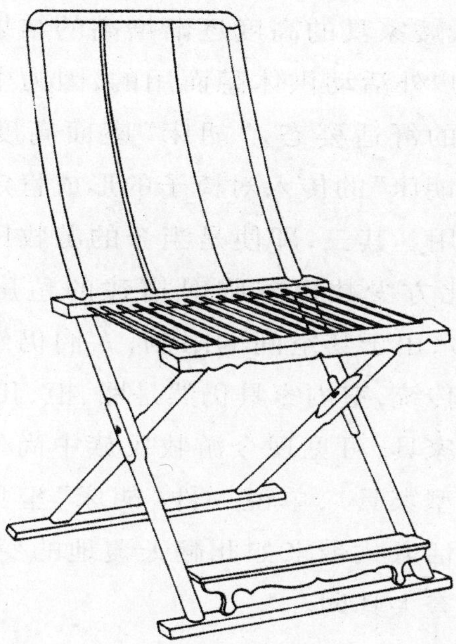

图3-4 交椅的造型

当然,还有一种学术观点是:中国的高型家具(当然包括椅子)是在中原地区独立发展起来的,它的地域和文化特征,以及与中国传统建筑的亲缘关系,表达了强烈的汉文化特色和原创性[①]。笔者倾向于第二种观点,原因有三。其一,椅子是家具中最重要的一个品种,"椅子象征着王权,所有的椅子都是从象征统治者地位的宝座发展而来的。"[②]中国席地而坐时的床(榻)应是后来椅子形成的原始雏形或原创动力,这也许是古时"床"和"椅"混称(前已论述)的原因。其二,相对于西方,中国高型坐具姗姗来迟,尽管可能受到外来器具的影响,但"任何民族历史的发展,主要取决于民族自身的内在因素"[③]。像中国本无宗教,为何佛教能在中原大地盛行推广,这是与中国民族的个性及价值取向相协调

① 柏德元,潘嘉来. 中国传统家具. 北京:人民美术出版社,2005:10-15.

② 赵子夫,唐利. 外国古典家具文化艺术. 沈阳:辽宁美术出版社,2001:14.

③ 濮安国. 中国红木家具. 杭州:浙江摄影出版社,2004:10.

的。椅子在中国的出现根源应是随着中国建筑空间的加大，低矮家具的高度逐渐增高的结果。胡床是游牧民族户外活动供休憩而用的，因为坐骑中养成了腿伸展的舒适姿态，“胡床”座面高度自然比较高，当然“胡床”的传入对椅子的形成肯定起了推波助澜的作用。其三，即使是当今的游牧民族也居无定所，像北方少数民族临时搭建的毡房和蒙古包（图3－5），由于其空间的限制，人们仍然保持着席地而坐的传统，室内家具仍然是厢、柜、几、案等简单的低矮型家具，可见现今游牧民族中尚未形成独立完整的高型家具[①]，单说一件“胡床”坐具就能给整个民族生活方式带来如此翻天覆地的变化，似乎有点片面或夸大其词。

① 柏德元，潘嘉来．中国传统家具．北京：人民美术出版社，2005：10－11．

图3－5　蒙古包

（2）椅之推广

从椅子的出现到大量推广使用，不能不说到中国历史上的一个特殊年代——魏晋南北朝时期。该时期战乱频仍，社会动荡不安，人们精神匮乏、烦闷，佛教趁机传入，填补了人们心灵上的空虚及信仰危机，并为后人留下了宝贵的宗教文化。同时多民族相互融合，生活方式相互借鉴，形成了一种开放的生活格局，人们逐渐打破封建礼教的成规陋俗[1]。正如宗白华先生所说："汉末魏晋六朝是中国政治上最混乱、社会最苦痛的时代，然而却是精神史上极自由、极解放，最富于智慧、最浓于热情的一个时代。"[2]

魏晋南北朝的特殊背景促进了生活起居习俗的变迁和文化艺术的发展。在家具方面，魏晋南北朝时期是中国古代家具设计承上启下的重要时期[3]。不仅低矮家具有了不少新发展，更重要的是有几个客观因素促进了以椅子为主的高型家具的普及。其一，东汉末年，胡床虽已传入民间，但远未广泛使用。到魏晋初期，社会上相继出现了一些崇尚"胡风"的现象，经历了"五胡[4]乱华"事件，促成了以椅子为主的高型家具的普及。其二，当时南北分治，南朝社会一直沿袭汉魏以来汉地传统的席坐习俗，北地胡俗椅座对南方的影响，主要是北魏孝文帝改治以后促成的。当时南地梁武帝派臣陈庆之送北海王去洛阳僭帝位时，看到北魏洛阳的繁华景象而钦佩，回朝后提倡仿效北方习俗，促进了椅子等高坐家具在南方的出现与推广。其三，当时由于佛教的兴起与传入，外来佛国高僧入关传经，带来了高坐习俗，也是椅子等高坐家具得以流行的原因之一。像甘肃敦煌莫高窟的壁画中就出现了不少高型坐具（图3－6）的形象[5]。

总的看来，魏晋南北朝是一个转变的关键时期，不仅仅是家具，其他诸如书画、建筑等艺术领域也从艺术形式及美感追求等各方面走到了一个新的境界，表现了一种新的美的理想。这个时期，低矮与高型家具并置，特别是高型坐具的涌现，打破了旧有的室内家具布置方式和相应的礼俗，由此而形成的垂足生活

① 潘鲁生．中国传统生活方式．济南：山东教育出版社，2002：71.

② 宗白华．美学散步．上海：上海人民出版社，2006：208.

③ 任晓曦，耿晓杰．中国家具史话魏晋南北朝时期．家具与环境，2006，(4)：37－39.

④ 五胡是指匈奴、鲜卑、羯、羌、氐五个少数民族。

⑤ 赵琳．魏晋南北朝室内环境艺术研究．南京：东南大学出版社，2005：147－153.

图 3-6　敦煌 285、257 窟壁画中的高坐形象

方式也影响了其他器物的造型特征，我们可以从三国、西晋、南晋、南朝的青瓷变化与发展中得以证实。透过图 3-7 中青瓷造型中所领悟到的品位与特征："由体形较小到较高大，以扁矮肥宽到圆浑修长，器物轮廓从刻板的圆弧线到富有变化的优美曲线等"[①]，充分反映了人们在历史演变中的生活方式与审美的变化，也表明由"席地而坐"改为"桌椅高坐"后对整个中国器物造型与装饰的影响。由此可见，文化的影

① 罗宗真. 六朝考古. 南京：南京大学出版社，1996：201.

响是深远的，文化的交流是相互的，椅之出现也许是偶然的，但椅之推广并非偶然，是中华民族大融合、文化相互交流的必然结果。

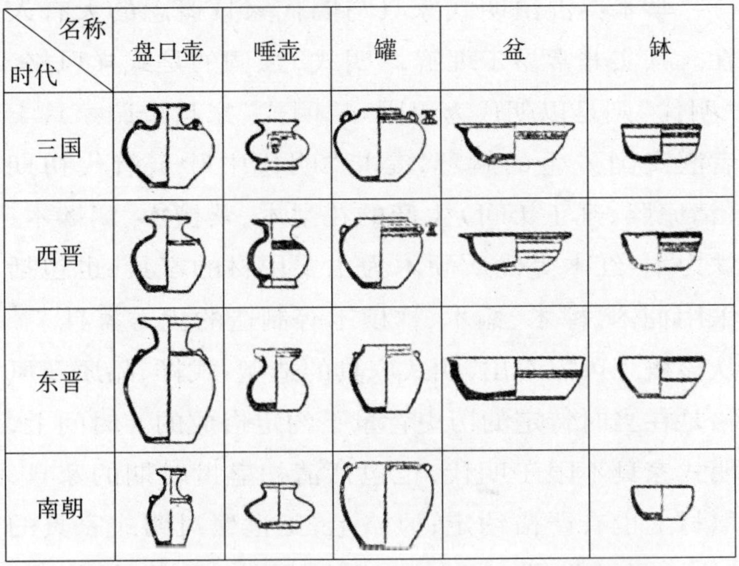

图 3－7　三国、西晋、东晋、南朝的青瓷造型变化图

3.2.2　器之巅峰

从早期人类的席地坐卧而形成的低矮型家具，经过或“胡床”或“佛僧”或“自身”的影响，垂足而坐的起居方式从东汉末年开始经过魏晋南北朝的广泛传入到两宋时期，历时上千年，终于完全改变了商周以来的跪坐习惯。几千年来赖以形成的席地礼俗家具慢慢退出了历史舞台，一种适应垂足坐的桌、椅、凳等高型家具体系到宋代已趋于完善，成为时代发展的主流。正如李砚祖先生所说：“中国家具以宋代为转折点。”①

① 李砚祖．造物之美．北京：中国人民大学出版社，2000：193.

然而，宋代家具只是完成了家具由低矮型向高型的转变，形成了品种相对齐全的高型家具系列。真正在中国家具史上写下辉煌灿烂的一页，并永载史册的应是明清家具。明式家具是中国民用家具设计的典范,清式家具是中国宫廷家具的杰作。

(1)明式家具

学术界混淆明式家具与明代家具概念的大有人在。其实非常易于理解,"明式"强调的是式样风格,"明代"则是以朝代为界限。"明式"家具按照家具学者濮安国先生的解释,是指"明代中叶至清代初期(清康熙、雍正年间)生产的花梨木、紫檀木、鸂鶒木、铁力木、红木等优质硬木为主要用材的家具,也包括采用楠木、榉木、榆木、柞楨木等制造的优秀家具。"[①]从该概念可以看出,明式家具的造型、式样、品质及风格是在当时特定的历史背景下约定俗成的。时间上,明式家具不限于明代,也包括清初盛世时期的家具;取材上也有严格约定;风格上,王世襄对明式家具的"十六品诀",即:"简练、淳朴、厚拙、凝重、雄伟、圆浑、沉穆、秾华、文绮、妍秀、劲挺、柔婉、空灵、玲珑、典雅、清新",[②]应是目前学术界对明式家具风格最深刻的阐释。由此看来,明代家具中的漆饰、陶瓷、竹、柳等家具以及体现宫廷高贵风范的雕饰浩繁的硬木家具等,皆不应列入明式家具的探讨范畴。

明式家具是在宋元家具的基础上发展成熟的,是最具典型的民族风格家具,其品种十分丰富,主要有凳椅类、几案类、橱柜类、床榻类、台架类、屏座类[③]等。其主要产地有三处:北京皇家的"御用监",民间生产中心苏州与广州。但主要产地是在苏南,所以有人称明式家具为"苏式"家具也是有一定道理的[④]。明式家具在材料、结构、制作工艺和样式上几近完美无瑕,是中国传统家具的鼎盛之作,无论是设计上、美学上还是文化上其影响都是深远的。

① 濮安国. 中国红木家具. 杭州:浙江摄影出版社,2004:32-33.

② 柏德元,潘嘉来. 中国传统家具. 北京:人民美术出版社,2005:22.

③ 杨耀先生对明式家具的分类。见杨耀. 明式家具研究. 北京:中国建筑工业出版社,2002:28-41.

④ 王翔子. 浅谈中国家具的精髓——明清家具. 河南商业高等专科学校学报,2004,17(6):74-75.

但究竟是什么原因促成了明代中叶后能形成如此优秀的经典之作？透过其形成的原因也许能看到中国人在家具设计中追求情感、审美及实用诸多功能的完美及满足。明式家具的成因可以从五个方面（图3－8）去探讨。

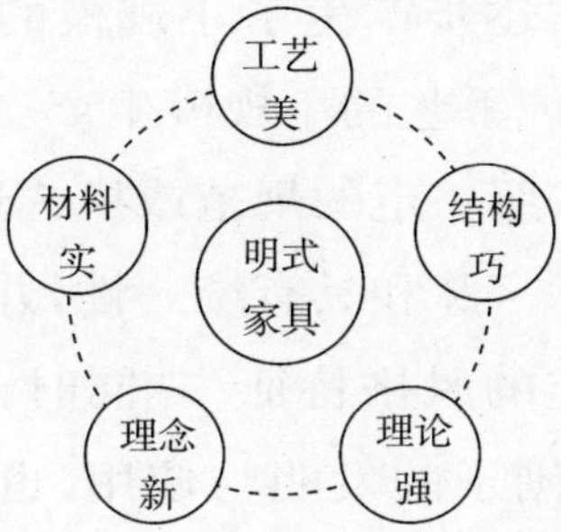

图3－8　明式家具的成因

其一，材料方面。明式家具多以硬木为主，而硬木来源，主要是东南亚地区，这是与当时航海业兴起、明政府开放海岸等政策相关联的。特别是明初郑和先后七次下南洋，打开了中国与东南亚及海上的贸易通道，用瓷器、茶叶、丝绸等换来了黄花梨、紫檀、瀏鶒木、铁力、榉木等大量价格并不高的优秀硬木，使得明式家具有了广泛采用硬木的物质保证，从而形成特有的纹理美观、质地坚硬、色泽隽秀等材质特征。同时家具材质的坚硬也许给细腻而繁琐的雕饰和线脚加工带来一定的技术难度，笔者推测这也许是形成明式家具造型简洁、硬朗而纯朴的缘由之一吧。

其二，结构方面。中华民族是一个借鉴能力非常强的民族，中国家具与建筑向来是一脉相承的，不管是材料之间的连接结构——榫卯结构，还是家具的形体结构——有束腰或无束腰，都是建筑结构的抄袭或建筑式样的仿造。明朝时由宋代沿袭下来的框架结构已被充分演绎到了相当高的水平，使得明式家具在结构上更为精密而巧妙、简练而结实。

其三，工艺及生产方面。明式家具兴起的时候，正值西方第一次工业革命瓦特发明蒸汽机的时代，当时中国的民族工业出现了资本主义萌芽，由封建帝制小手工业作坊式逐步产生了小规模的工业集团化生产，或以家庭祖传手艺的小规模生产。这就使得明式家具的生产能按照一定的规范或模式进行生产制作，使明式家具师承一脉和具有统一性，并在较长的时间内保持相对稳定的风格特征[①]。同时，明代木工工具的改进，如各种刨子的发明与使用，也为家具的工艺技术提供了物质保证，使得明式家具体现一种上等的工艺美。

其四，设计理念方面。明式家具之所以名垂史册，最主要的是其先进的设计理念，即使是对于当今社会也有重要的借鉴作用。像其"制具尚用"、"有度"、"有式"、"贵其精而便，简而裁，巧而自然"[②]等设计原则，以及巧妙利用"点、线、面"设计语汇而形成的造型手法，难道不是现代设计中所倡导的基本原则与方法吗？这种科学而合理的设计思想应是如下两个方面的原因所使。一方面，园林建筑的兴起是明式家具的起因。据《苏州府志》记载，明朝在苏州兴建的园林就达271处，拙政园、留园、高义庄等均是明代所建，大批园林的兴建及当时皇宫宅院的扩建，刺激了家具的发展[③]。同时，"巧而得体，精而合宜"的园林设计思想也深深地影响了家具设计观。另一方面，文人的广泛参与促成了明式家具风格的形成。中国家具形制的嬗变虽然直接出自工匠之作，但工匠们墨守成规的劳苦营生使得他们很难跳出前人窠臼去革

① 黄薇，卢纯福. 试析明清家具与历史文化的联系. 包装世界，2004，(4)：66－67.

② 明人文震亨在《长物志》中的总结。

③ 陈乃明. 中国传统家具的黄金时代. 杭州师范大学学报，2006，(3)：224－226.

新,直到文人的广泛参与,才为古老的家具形制与工艺注入了新的活力[1]。至宋以后,苏州、杭州和徽州等地的进士累以千计,为全国各地之冠,大批文人相聚在"人间天堂"——苏杭,题诗作画,享受田园自然之趣、山水之乐,园林也正是那些不愿离开城镇的文人雅士及隐退官吏为满足怡情养性、世外桃源的需要而建的。在兴建园林之中,文人学者与书画名家更多地参与了造园活动,并对室内的家具也进行了规划设计[2]。犹明朝文人计成所说:"世之兴造,专主鸠匠,独不闻三分匠,七分主人之谚乎?非主人也,能主之人也"(《园冶》)[3]。可见文人雅士在园林及家具设计中所起的作用。难怪透过明式家具可以轻松而舒畅地领略到一种脱俗超逸、含蓄内向、空灵疏朗的文人气息。

其五,设计理论方面。从家具到建筑,乃至其他的造物活动,中国工匠们的技艺和方法大多靠的是言传身教、代代相传。也许古代家具相信家具制作靠的是"匠心",所以在明代以前除了《考工记》及宋代木工喻皓的《木经》外,在家具设计理论方面几乎没有专业论著。到了明代,文人雅士开始广泛参与到家具、园林等设计活动中,喜欢题诗作画的习性,客观上促进了文人对家具设计的总结与归纳,加上挥洒疏逸的文笔,为中国设计史上留下了不少经典之作。如黄成撰写的《髹饰录》、文震亨编写的《长物志》、计成撰写的《蝶几》、《三方图会》和《园冶》等,这些著作对家具的制作、工艺、选材、装饰和式样等方面都有论述,丰富了家具的理论知识。书中的有些设计思想即使对于当今社会也具有指导作用,更何况对于当时在家具中盛行的明式之风。

总之,明式家具是典型的中国本土文人士族文化

① 刘刚. 明式家具的文人气息. 收藏家, 2004, (3):47 – 50.

② 柏德元,潘嘉来. 中国传统家具. 北京:人民美术出版社,2005:35 – 45.

③(明)计成. 园冶图说. 赵农注释. 济南:山东画报出版社,2003:33.

的物化产品。如果说中国古代家具文化是“木质的诗篇”，明式家具则是这部“木质诗篇”的经典之作、精华之作，是中国传统文人文化的物化。同时，从文化角度去看，也印证了一个道理，文明在上升阶段充满元气、信心和生命力，其设计特点表现为古朴大雅、不假雕饰，明式家具的设计取向正是当时特定历史背景及文明上升作用下的结果。只是到了清乾隆之后，社会经济开始滑坡，文明开始走下坡路，设计演绎成矫揉造作、华而不实的表象[①]，在如此历史命运的安排下，推出了中国家具另一种经典风格——清式家具。

(2)清式家具

与明式家具的概念一样，清式家具也是以风格式样为定义的。时间上是指清代雍正、乾隆之后制作的优质硬木家具。风格上，它一反明式家具简明、古朴、清雅、方秀的“书卷气息”，代之以绚丽、豪华、繁缛的“富贵气息”[②]。

透过清式家具的种种变化，将明式与清式家具搁置在一起(图 3－9)，难以想象这是一个民族在一个

① 柏德元，潘嘉来. 中国传统家具. 北京：人民美术出版社，2005：51－52.

② 濮安国. 明清家具鉴赏. 杭州：西泠印社，2004：19.

图 3－9　明式高扶手官帽椅与清式木雕龙纹扶手椅的造型风格对比

时期内或相近年代中所生产的器物。简洁明快与繁缛华美的风格反差如此之大,充分反映了中华民族的博大胸怀与海纳百川。家具学者王世襄先生认为:"不同家具的不同造型,都忠实于不同渊源,彼此之间,界限分明,这就是传统家具的造型规律。"[①]清式家具的设计特征应是当时特定的历史与文化渊源作用下的结果(图3-10),具体表现在如下几个方面。[②]

① 柏德元,潘嘉来. 中国传统家具. 北京:人民美术出版社,2005:31.

② 吴恩沁. 清式家具视觉特征探议. 装饰,2005,146(6):13.

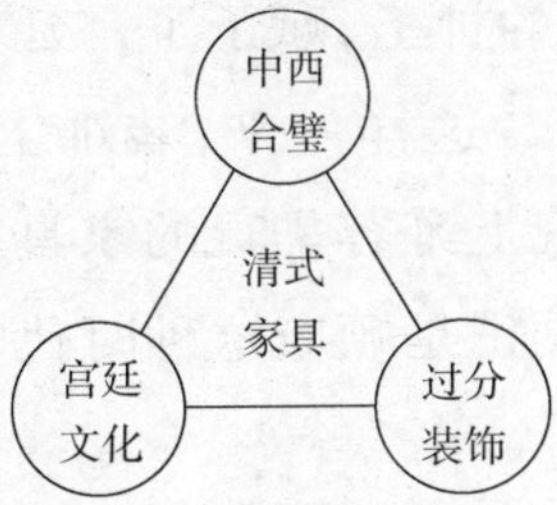

图3-10 清式家具的成因

客观上,清式家具是中西文化合璧的结晶。清式家具兴盛时期,欧洲的巴洛克式和洛可可式的艺术风格风靡一时。当时广州是清政府南方的贸易大港,那里不仅是家具原材料的供销渠道,也是家具贸易的窗口。一方面中国境内的家具由此输送到西方列国[③];另一方面西方家具也接踵进入中国。也许是中国人对外来文化有着一种包容性的心态,从来不曾有着一种强烈的排外心理。这样,随着西式家具在沿海口岸的登陆,出于好奇而模仿的心理,各种仿西式的家具随即畅销起来,特别是当时火红时尚的雕琢细腻、浪漫自由的巴洛克风格家具及纤细精巧、华贵柔媚的洛可可风格家具,彻底改变了明代以来明式家具的造型与装饰特点,在风格上逐渐形成了一种具有中国民族个性的清式家具。清式家具是中西文化的结合,其造型和雕刻上的细腻程度,甚至胜过巴洛克和洛可可风

③ 中国家具对欧洲国家家具产生过重要影响。见:袁宣萍.十七至十八世纪欧洲的中国风设计.北京:文物出版社,2006.

格家具。将装饰性家具演绎到了如火如荼的地步，反映了一个民族向另一个民族学习有“过”的特点。

主观上，清式家具是适应统治阶级需要充分展现皇权威严的宫廷家具，尽管清式家具源于广作，但将其光大弘扬的是京城中的工匠们。家具作为人们生活方式的一种物质载体，其在统治阶级或上层人士中还负载着一种象征意味。在清乾隆以后，为显示出朝廷的威严和皇权的神圣，赋予了宫廷家具一种特殊的政治与伦理使命。这样一来，装饰上精雕细琢、造型上气势磅礴、外观上雍容华贵的家具式样逐渐成为时代主流，清式家具正是顺应这种时代需要和当时泱泱大国的心态所致。

本质上，清式家具过于强调繁琐的装饰而引起格调的低下是封建思想文化没落及僵化的结果。清朝统治的中后期由于抵制西方资本主义思想入侵的需要，统治者为维护其封建专制，竭力恢复“程朱理学”的权威，旨在以理学的“道统”论和“大一统”思想来维护清王朝的统治。这样一来，使得意识形态与社会实际生活脱节，文化气氛单一而压抑。同时，人们的审美情趣、品位也趋于下降，表现为对繁冗粉艳之事的钟爱和对旧有物质形式的超限度执著。这些现象最终折射到家具的形式上，就导致了清式家具刻意追求繁琐的雕刻与镶嵌装饰，以及图样纹式的程式化与概念化。琐碎而概念性的视觉元素，以及缺乏创新最终将清式家具推出了历史舞台。

总之，透过明式家具、清式家具的起因及演绎过程，可以看到中国传统家具的设计风格是多方面因素综合作用的结果：可能是工艺技术方面进步的结果；可能是特定的历史文化背景所致；可能是大众文化的趣味趋向引起的。但不管怎样，正是中华民族源远流长的文化底蕴及独具一格的民族情怀，才促成了中国家具的风格演变，以及明清家具的辉煌历史。

3.3 型 因

——以制器者，尚其象。(《易·系辞下》)

所有的远古文明源于设计，而设计则源于“制器造物”的人类活动，源于生存和生活[①]。家具的出现是伴随人类文明的产生而产生的，但家具的最初造型是如何产生的？没有造型就没有家具的存在，研究家具的造型成因可以重温中国人原始思维的意象，研究家具的造型品类可以体察中国人造物活动的因缘。

① 赵江洪. 设计艺术的含义. 长沙：湖南大学出版社，2005：5.

3.3.1 数象思维

——讲《易》者，渐以为先有数，后有象，最后有物。(冯友兰)

不同民族在长期的征服与改造自然活动中，借助想象创造了形形色色的家具。但为何中西家具在取材、结构、风格等方面界限鲜明，是什么原因造成这一现象呢？按照日本学者柳宗悦的逻辑理解，物品形成的原因主要来自两个方面：“一个是自然，一个是历史。自然是上天赋予的，而历史则是人类努力开发的印迹。任何事物都是通过自然与人类的接触而产生的。”[②]但笔者认为这种解释只是表层上的，其深层结构或形而上的阐释应从不同民族的思维方式去分析和探讨。

②(日)柳宗悦. 日本手工艺. 张鲁译. 桂林：广西师范大学出版社，2006：8.

家具设计是一种创造性活动，在家具造型活动中，人们必须借助想象。黑格尔认为："想象是创造性的。"想象活动中一般体现出概念性弱、具象性强的特征，一切想象都可以看做是运用表象、意象、形象、图示与具象方式的综合与归纳。一切想象都可以看成是对"意"与"象"的有机组合与灵巧运用，或以意造象，或以象达意[①]。

① 胡潇. 文化的形上之思. 长沙：湖南美术出版社，2002：210－214.

中华民族在长期的劳动实践活动中，由于其所处生境的独特性形成了一种独特的思维模式，其中表现在家具上的造型意象思维，笔者归纳为：以道生数，美以数取；比类取象，形由象生（图3－11）。

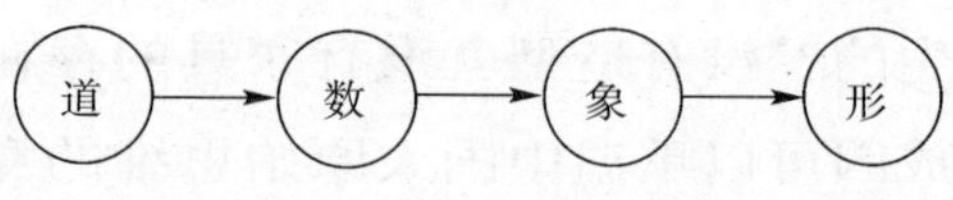

图3－11　意象思维过程

（1）以道生数，美以数取

家具概念是否先于家具实体存在？"概念是真实的，而实体就不那么真实。"[②]在家具概念的形成中，"数"的概念尤为重要。西方哲学家毕达哥拉斯就认为："数是一切事物的本质"，"一为一切物之始，自一生不定的二，二属于一；一为二之原因。自一及不定的二生数，自数生象。自象生构成面积之线。自线生立体。自立体生可见之物"[③]。可见，在西方古典哲学中，数是生成万物的基础，数是物体意象形成的原因。"自数生象"表明原始思维中"数"的概念先于"象"的思维。

② 易中天. 易中天谈美学. 上海：复旦大学出版社，2006：127.

③ 冯友兰. 中国哲学史（下）. 上海：华东师范大学出版社，2005：41.

其实，在中国也有相同的哲学思辨看法，《老子·道德经》中就说："道生一，一生二，二生三，三生万物。"由此看出中国人的"数"的概念是由"道"而来的，什么是中国人眼中的"道"，在第6章将作详细阐述，这里暂且不议。“由道生数”是中国人思维模式的一种数缘，所以在中国文化中，数被赋予了一种特殊的象征或政治意义。特别是在中国哲学中，不但重视“九、五、六、八”等数字数理，尤其对于“三”情有独钟，例如《易经》中就认为天地万物均包含“三”的数理规律；老子也认为：“三生万物”；《黄帝内经》三部九侯论中也有“三才”之说，强调“三而成天，三而成地，三而成人”。其实，在中国古代设计中对“三”也形成了独特的感情色彩和审美观，在中国古建筑营造中，只有皇帝才能用“九”、“五”，一般中下层阶级中只能用“三”。像“三重城郭”、“三开间”、“三大殿”、“三重檐”、“三重门”等在一般古城中比比皆是。古代文献中，北宋人喻皓在《木经》中就认为：“凡属有三分，自梁以上为上分，地以上为中分，阶以下为下分。”《营造法式》里也体现了“三”的数字理念。[①]

由此看来，“三”在中国人心目中的分量及地位非同一般，这里笔者从古代器物中“三足鼎”的造型中联想的，中国最早的家具是否也应是“三条腿”而不是后来大量的“四条腿”。从原理上，“三足”足以构成一个平面，且对于地面不平的地方，“三条腿”的家具更能稳定地立于地上。但笔者随后否定了这种观念，最早的家具腿足应是四足，原因姑且有二：其一，后来家具应从最早的家具——“席”的“四方”形状延展而来的，像床、榻都是“方形四角”下加了“四足”构造而成；其二，“三条腿”而形成家具座面，很容易因为人坐（或卧）上去产生“偏心”而翘起，对于身体家具或准身体家具[②]而言，稳定性的需要也决定了早期家具腿足的数量应为“四”，同时反映了实用至上的民族心理。

① 孙景浩，孙德元．中国民居风水．上海：上海三联书店，2006：19-20.

② 身体家具是指支承人体的家具；准身体家具是指供人倚凭、伏案工作的家具。见：胡景初，戴湘东．家具设计概论．北京：中国林业出版社，2001：54.

中国人在做事和处物中非常强调"心中有数"。小时候在家里,看见木工师傅将大型木料经过锯、刨、锉等方法加工成长短、大小、宽窄不一的板材和方材,然后"胸有成竹"、"心中有数"地将这些型材经楔合结构拼合而成或桌或椅或柜等不同形态的家具。在古代,早在先秦"数"就被列为六艺之一。《考工记》中记述了"画缋之事"、"梓人为笋虡"、"知(同智)者创物"等,都是以"数"为基础的,也都要求"心中有数"。

总之,西方古典美学强调的是数的比例、数的抽象,把"一切美归纳为天籁的和谐,归结为数。"[①]"数是一切抽象表现的终结"(康定斯基)。而中国人的"数",一方面一直与具体事物相关,故多为象征表意,家具木雕中的"八仙献寿"、"四季花卉"、"八骏马"等就折射了中国人通过吉祥数字对美满生活的追求。另一方面,中国古典美学中,"数是图案形式美的核心。"[②]非常强调"非度数不为功"、"美以数取"[③]。数的概念不仅反映事物存在的形式,而且反映事物构成的内容。在家具设计中,就要求正确处理好事物中形式与内容之间的关系,仔细掌握心中这个"数"的分寸,做到"心中有数"。只有这样,才能"美以数取"。

① 徐恒醇.设计美学.北京:清华大学出版社,2006:123.

② 田自秉.工艺美术概论.北京:知识出版社,1991:76.

③ 廖得为.非度数不为功.见:郭因.技术美学.合肥:安徽科学技术出版社,1983:50-53.

(2)比类取象,形由象生

在器物造型中,除了"数"的观念,形象思维也尤为重要。正如恩格斯在《反杜林论》中指出:"和数的概念一样,形的概念也完全是从外部世界得来的,而不是头脑中由纯粹的思维产生出来的。必须先存在具有一定形状的物体,把这些形状加以比较,然后才能构成形的概念。"[④]中国器物造型思维产生的根源也是如此,古人最早的造型是从模仿自然开始的,其

④ 高丰.中国器物艺术论,太原:山西教育出版社,2001:73.

模仿中体现的就是一种中国人特有的“象”思维。

“象”在中国古代哲学思辨中有许多阐述。例如：老子说：“惚兮恍兮，其中有象。”《易·系辞》记载：“易者，象也；象也者，像也。”“夫象，圣人有以见天下之赜，齐拟诸其形容，象其物宜，是故谓之象。”[①] 由此可见“象”在当时有两种意思，一种是作为名词讲，“象”为现象、形象；另一种是作为动词讲，“象”通“缘”，为象征、取象[②]。《易·系辞下》中对“象”作了两个规定：一个是“观物取象”，如书中所说“古者包牺氏之王天下也，仰则观象于天，俯则观法于地，观鸟兽之文与地之宜，近取诸身，远取诸物，于是始作八卦，以通神明之德，以类万物之情。”另一个是“立象以尽意”，如书中有一段记载：“子曰：书不尽言，言不尽意。然则圣人之意其不可见乎？子曰：圣人立象以尽意，设卦以尽情伪，系辞焉以尽其言，变而通之以尽利，鼓之舞之以尽神。”[③]

“象”思维中的“象”既包涵对事物感性的形象，又不排斥对事物理性的抽象。同时中国人在“象”思维中表现的特点是，其一，强调以物象为基础，整个思维过程在于观象与取象，善于在动态中把握对象的整体性；其二，注重“意”与“象”的浑融契合，讲求在“象”的基础上抽绎出“理”，强调“象”的整体直观和体悟；其三，“象”思维强调以自我为中心，主体与客体混为一体，体现“天人合一”的思想观。[④]

相对于西方理性、逻辑的抽象思维而言，中国人的“象”思维偏重于“感性的、直观的、整体的”形象思维。这也许是西文是“表音”的、而中文是“象形”的形成缘故吧，也许是造成中西文化差异的主要原因吧。其实在中国人的造物象思维中体现的是一种

① 冯友兰. 中国哲学史(上). 上海：华东师范大学出版社，2005：287.

② 张其成. 易道：中国文化主干. 北京：中国书店，1999：62.

③ 叶朗. 中国美学史大纲. 上海：上海人民出版社，1999：70－77.

④ 卢晓辉. 中国人审美心理的发生学研究. 北京：中国社会科学出版社，2003：120－122.

"比、类"特点——即比类取象。

何谓"比类取象"？先说"比"，《诗经》中就有赋、比、兴的表现手法，"比"就是打比方。明代朱熹认为，"比者，附也"（《文心雕龙》），"比者，以彼物比此物也"（《诗集传》）。[①]可见"比"是艺术的一种表现形式，有比较、打比方、类比之意。再说"类"，"类"有"类似"、"模仿"之意。前苏联美学家波斯彼洛夫就认为："艺术是对人的劳动活动的摹仿和复制。"[②]可见，原始思维中"模仿"是主要方法。"比类"一词合用始见于《国语·周语》中的论述："厘改制量，象物天地，比类百则，仪之于民，而度之以群生。"[③]后来，章炳麟在《订孔下》中记载："心能推度曰恕，周以察物曰忠……守恕者，善比类。诚令比类可以遍知者，是絜矩可以审方圆，物情之纷，非若方圆可以量度也。故用矩者困，而务比类者疑。周以察物，举其征符，而辨其骨理者，忠之事也。"[④]

由此看来，比类取象是指借助想象，通过对事物进行模拟或仿造，以生成或编辑成一种新的物象符号的过程。在中国文化艺术领域中，不管是造物还是绘画，中国人的这种"象"思维也得到了广泛的应用。像《易·系辞下》曰："以制器者，尚其象"；朱熹云："凡有形有象者，即器也"；荆浩《笔法记》曰："画者画也，度物象而取其真"；北宋李觏《删定易图序论一》记载："……夫物以阴阳二气之会而后有象，象而后有形。"[⑤]；刘牧《易数钩隐图序》记载："夫易者，阴阳气交之谓也。……卦者，圣人设之，观于象也。象者，形上之应。原其本则形由象生，象由数设。舍其数则无以见四象所由之宗矣。"[⑥]明代祝允明认为："师楷化机，取象形器，而以寓其无言之妙。"由周易的"制器

① 李泽厚. 美的历程. 天津：天津社会科学出版社，2002：92.

② 栾昌大. 中外文艺家论文艺主体性. 长春：吉林大学出版社，1988：520.

③ 周谷城. 中国通史（上）. 上海：上海人民出版社，2002：100.

④ 柳诒徵. 中国文化史（上）. 上海：上海古籍出版社，2002：272.

⑤ 北京大学哲学系中国哲学教研室. 中国哲学史. 北京：北京大学出版社，2006：253.

⑥ 冯友兰. 中国哲学史（下）. 上海：华东师范大学出版社，2005：215.

尚象"、刘牧的"形由象生"到祝允明的"取象形器"，充分表明了中国传统哲学中对器物形成过程的看法。"中国人从万物之'象'中看出联系、变化甚至后来的阴阳，然后凭借巫术、占筮来利用或顺应这些联系和变化，这一点可能自新石器时代中晚期就开始了。"[①]《易·系辞下》中说："见乃谓之象，形乃谓之器"，而"形由象生"，从中充分表明了"器以象制"[②]这一古代造物思想。

① 卢晓辉. 中国人审美心理的发生学研究. 北京：中国社会科学出版社，2003：84.

② 见于北宋范仲淹的《水车赋》。

中国家具是中国器物文化中的类别之一，其造型的成因势必受到中国人思维定式的影响与制约。从早期的原始家具形态也可略见中国家具形态的"比类取象"与"形由象生"。这里姑且以家具支柱结构中的"腿足"为例加以说明。作为家具的支撑结构，"腿足"是家具形态构成中最活跃的部位，也是古代工匠精心琢磨的对象之一，前面已经讨论了其数量的问题，这里不妨看看其造型的来源。只要我们将图3－12青铜器三犀鼎中的腿足与图3－13 中的榻几腿足的收分相比较就可以看出，当时家具的腿足造型是"比类取象"的结果，是青睐于青铜器相应部位近似形移植后的结果[③]。另据我国著名家具与室内设计家罗无逸先生分析，古人最初生活用的木俎是先民效法四足石磨盘"比类取象"（图3－14）的结果[④]。此外家具中的不少结构都可以看做是参照建筑形体取象的结果。这里暂时不一一举例，第5 章第4 节将作专题论述。

③ 罗无逸. 师造化，潜移形. 装饰，2006，154(2)：16－19.

④ 罗无逸. 师造化，潜移形. 装饰，2006，153(1)：34－37.

总之，中国人的"象"思维是中国家具乃至中国器物风格形成的内在根源。也许是因为在早期造物中形成的"比类取象"能力，使得中国人较早地形成了"模数"的概念，并渗透到造物文化的各个领域；使得"复制"成为一件信手拈来之事,客观上抹杀了人的创造性;使得中国家具一直沿着一种稳定而渐变的足迹推进。

图3-12　三犀鼎

图3-13　有束腰如意云头足榻几

图3-14　木俎与四足石磨盘的比较

3.3.2 事因物缘

——无为故无形而不因，无欲故无事而不适。无形而不因，故能开物。无事而不适，故能成务。（僧佑《出三藏记集》卷六）

艺术起源于实用，而实用的需要正是人类征服和改变世界的动因，也是人类生存和发展的必然表现。木头本没有多大的实用价值，如果将它做成桌子，尽管桌子还是木头，但其形状改变了，变成了一个可用且可感觉的物了。人类总是通过自己的活动按照对自己有用的方式来改变自然物质的形态[①]。

哲学家亚里士多德认为，事物的成因主要有两种：一个是质料因，一个是形式因，而形式因中又包含致动因和目的因[②]。作为家具，其形式的原始思维主要来自一种数象思维，即"象以数设，形由象生"，上一节已经探讨。同时，形形色色的家具产生的动力及目的应是来自生活需要的事因，正如柳冠中先生在接受鲁迅美术学院院刊席田鹿先生采访时所说："'事'是'人与物'关系的中介点，不同的人或同一人在不同的环境、不同的时间、不同的条件下，即使为一相同的目的，他所需要的工具、方法，他的行为过程、行为状态是不同的，所需的工具、产品，乃至造型、材料、构造等当然不同了。所以把'事'弄清楚了，'物'就浮出水面，剩下的就是选择原理、材料、工艺、技术、形态、色彩等……"[③]。由此看来，"事"因是形成不同民族独具个性的家具的根本缘由，正是各民族有各自不同的"事"求，才导致了功能不同的"物"为。

① 徐恒醇.设计美学.北京:清华大学出版社,2006:85.

② 易中天.易中天谈美学.上海:复旦大学出版社,2006:42.

③ 柳冠中.事理学论纲.长沙:中南大学出版社,2006:105.

因此，要考究目前中国家具的来龙去脉，只需从家具赖以形成的生活需要——这一"事因"出发，顺着历史发展的足迹，就可以清晰地理清中国家具"物缘"创新的轨迹。"中国民族是对于人事最具清明的头脑的[①]"，在其长期的生存生活中，逐渐产生了坐、卧、承、贮、隔、挂等事，在"事"的功能、目的、情感、价值等利益驱动下，最终构造了与"事"相适合的"物"的造型与形式。围绕坐、卧、承、贮、隔、挂等事因，中华民族创造了一套包括坐具、卧具、承具、庋具、屏具和架类等品种繁多的家具体系(图3-15)，满足了人们生活的物质需求和精神需要，真正体现了"随方(意为'类')制象，各有所宜"(《长物志》)的设计思想。下面对各个类型的典型家具形态的产生与发展略作介绍。

① 钱穆. 中国文化史导论. 北京：商务印书馆，2005：24.

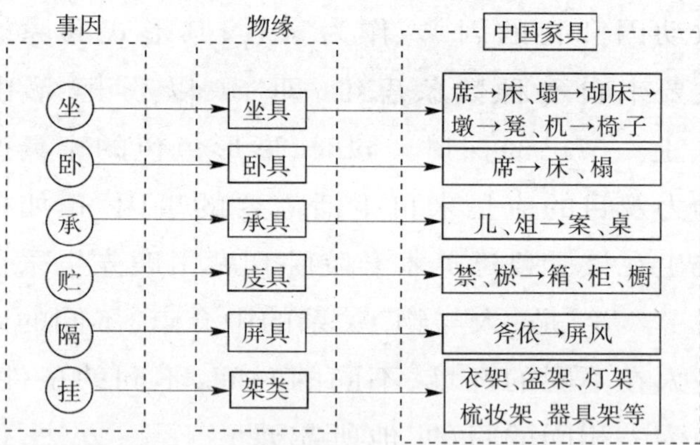

图3-15 中国家具的事因物缘示意图

(1)坐具

"坐"是最基本的生活方式，"席"是中国最早的坐具，本章第一节已经介绍，这里不再重述。但也许是因为"席"只是在一个平面内的二维造"形"活动，谈不上三维的造"型"创造，所以有学者认为"床"是最早出现的家具。考古工作者在西安半坡村遗址中发现了约六七千年前半坡人使用的土炕，其高仅有10cm，被认为是床的雏形[1]。从《诗经·小雅·北山》"乃生男子，载寝之床，载衣之裳，载弄之璋"的描述中可以推测床的出现不会晚于春秋时期[2]。古时床兼具坐卧两重功能，如《释名·床篇》中所说："人所坐卧者曰床。"

到了汉代，出现了一种由商周时期的"筐床"演变而成的榻，榻的四足比较低矮，较小的可供一人坐，如《释名·释床帐》所说："小者曰独坐，主人无二，独所坐也。"较大的在造型上与床大致相同，可坐也可卧。榻有时在两面设有矮屏风，榻前一般放有案几，供摆放食物用。除了床、榻，汉代还流行一种叫"枰"的小坐具，枰面为方形，四周不起沿。如《释名·释床帐》所说："枰，平也；以板作之，其体平正也。"枰一般只能坐一人，如汉·服虔《风俗通》中说："三尺五曰榻，独坐曰枰，八尺曰床。"当时的一尺约相当于现在的23cm，三尺五约现在的80cm，八尺约现在的184cm。[3]

从席地起居，以"席"为中心，到"床榻"的出现，逐步形成了一种以"床"为中心的坐榻习俗，为中国古代家具写下了新的篇章。后来这种习俗是伴随着"椅子"——这种高坐坐具出现，直到宋代才完全瓦解。

受"胡床"之影响，"椅子"的出现在中国坐具史上意义非凡，前一节已经介绍。但也有学者称，到了魏晋南北朝时期，有一种称为"围榻"的坐具，随着其坐身上部的围屏高度的下降，已完全失去了秦汉时期"屏风与榻"的组合功能，实际上与椅子中某些形式在造型上有着异曲同工之妙，这一传统古典式的坐具

① 王珊，李磊，胡惠琴. 中国古代家具发展与坐卧姿势的演变. 建筑文化，2006，(2)：19－22.

② 于伸. 木样年华——中国古代家具. 天津：百花文艺出版社，2006：37.

③ 高建华，刘文金. 中国古代"坐"姿与坐具形式的演变. 家具与室内装饰，2007，97(3)：18－19.

在中国古代家具史上起着承前启后的作用①。

高坐家具系列到了宋代已经趋于完善，到了明代更是品种繁多，其种类主要是凳、墩、杌、椅类（图3－16）。凳子早在汉代就已出现，明代后种类式样增多，有长、方、圆之别。造型上也有“无束腰”和“有束腰”之分。墩被认为是随佛教传入后的产物，在唐至五代时期的一些佛教画像中，经常可以见到打坐用的蒲团或束腰形莲座，实际上就是墩的一种。到了明代，坐墩造型趋于敦厚、矮肥，走向成熟。杌是一种出现的矮而无枝、上平的光木头，宋代后才成为非正式的坐具。椅类是明式家具中最具特色的坐具，也是最具代表性的坐具，主要分为靠背椅、扶手椅、灯挂椅、官帽椅、玫瑰椅、圈椅、交椅等品种②。

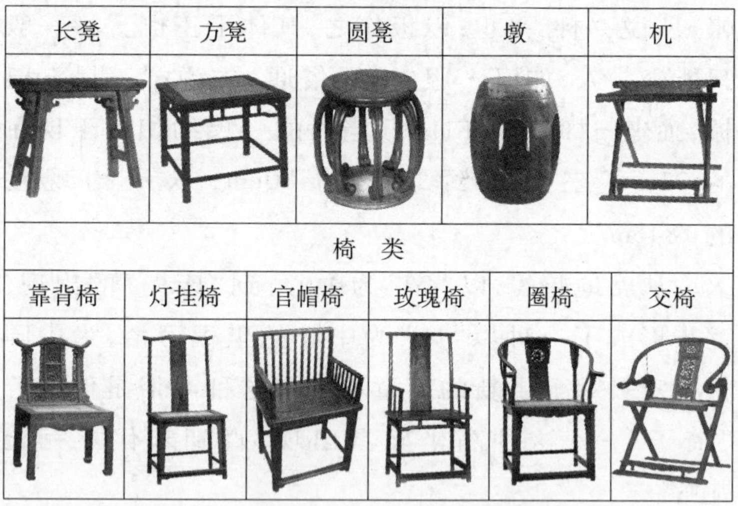

图3－16　坐具类别及图例

总之，在中国坐具发展中，由“席地而坐”到“垂足而坐”生活方式的转化导致了家具由席、床、榻到椅凳的形制演变。尽管在过渡中经历了“胡床”之类家具的插曲，但其出现并未改变中国古代家具的格局与传统，中国古代的坐具一直是沿着自身的道路发展的，在适

① 刘景峰．中国古典家具收藏与鉴赏全书（上）．天津：天津古籍出版社，2005：25.

② 董伯信．中国古代家具综览．合肥：安徽科学技术出版社，2004：257－273.

应本民族生活"事因"基础上不断推陈出新,并从结构到形体逐步建立了一套完整独特的东方体系。

(2)卧具

清朝李渔在《闲情偶记》中写到:"人生百年,所历之时,日居其半,夜居其半。……而夜间所处,则止有一床。是床也者,乃我半生相共之物,较之结发糟糠,犹分先后者也。"[①]可见,床在人生活中的重要性。除了早期的席具有坐卧功能外,床最初也兼备坐卧双重功效。从史料记载,公元前800年就已经有了"载寝之床",而1957年在河南信阳长台关出土的战国彩绘木床(图3-17)应是现存最早的保存完好的漆木床,该床床体施以黑漆、绘有红色方形云纹,并由6个雕刻精美的长方形云形的床足支撑[②]。从形制来看,该床与今天相差无几。

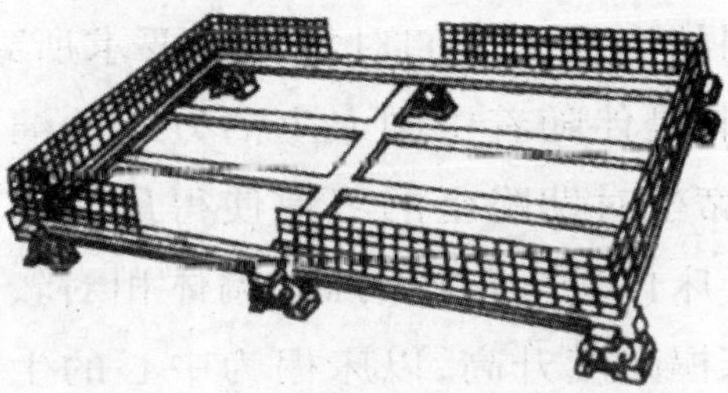

图3-17 战国时期彩绘木床

汉代出现的榻,与床体相比,体形小些,也有卧具之用,但以坐之用为主。榻的出现,使得床的坐之功用减弱。随着西域胡人与天竺佛国僧人传入高坐家具,从汉代后期开始经过魏晋南北朝时期的促变,床榻的座面高度也随着垂足习俗的适应而提升,而榻台面上的围屏却在降低,一种叫围榻的家具逐步演绎成后世围椅或圈椅的原形。到了宋代椅子的广泛使用,榻作为一个独立的坐具,从以床榻为中心的生活模式中分离出来,其低靠背、有扶手、较宽大的造型

① (清)李渔. 闲情偶寄. 民辉译. 长沙:岳麓书社,2000:413.

② 孙景浩,孙德元. 中国民居风水. 上海:上海三联书店,2006:147-148.

（图3－18）与后世沙发的造型颇似。同时床榻生活方式的瓦解，也为后世"床"的独立发展创造了条件。到了明代，床的种类有罗汉床、架子床、拔步床和片子床之分。

图3－18　安徽歙县出土的三彩榻

总之，早期席地而坐，而席又单薄，古人饱受湿寒之苦，床榻的出现是人们对舒适性要求所致。同时，床榻的形制是伴随着中国人生活方式的演变而演变的。延续席坐时期跪坐的习惯使得最初出现的床榻普遍低矮，床体较大可坐可卧，榻体相对较小。垂足而坐后，床榻高度升高，以床榻为中心的生活方式受到冲击，榻体逐渐增大，亦可坐卧，型体上与床相比只有宽窄之别，难以区分，而床则置于卧室，慢慢成了专用的卧具。

（3）承具

生活中自然少不了承放东西的家具，现代家具中使用较多的桌案，实际上是古代的几、俎、案演变而来的。"俎"是最早的一种承具，其形象应是后来的几、案、杌、桌之原形。古时俎应是古代庖厨或祭祀的用具。庖厨之用的俎相当于现代的砧板，主要是切肉之用，其材料一般是木材。中国社会科学院考古研究所在山西襄汾县陶寺村新石器晚期遗址（公元前 2500 至公元前 1900 年）中，从器物痕迹和彩皮中辨认出的案俎，被认为是迄今为止发现的最早的中国木家具[①]，可见“俎”在木家具造型史中的地位。古时俎也可以作祭祀之用，是一种礼器，又叫礼俎，多采用铜、陶、木等材质，从材质的贵重可以看出使用者的身份。战国时期，俎的使用比较随意，在《史记·项羽本纪》中樊哙对刘邦说：“人为刀俎、我为鱼肉”，可以看出，当时的中国人就有“一物多用”（俎可以用来切鱼或切肉）的思想。

“几”最早的文字记载见于《春秋》：“……智伯怒，投之以几，出于其间”。后来，《庄子》、《战国策》、《周礼》等书中均有关于“几”的记载。早期“几”的用途有两种。一种是“庋物几”，相当于可供放置日用物品或陈设器具的架子，如《释名·释床帐》中所说：“几，庋也，所以庋物也。”另一种是“凭几”，可供坐时依托之用，专为尊者设立。见于《文汇·几部》：“几，古人凭坐者。”[②]同时，古时几的使用也有严格的规定，《周礼·春官宗伯·司几筵》中就说：“掌五几五席之名物，辨其用，与其位。”从“玉几、雕几、彤几、漆几、素几”五几的地位象征与意义可以看出，中国古人有时对“事”与“物”的对应关系非常重视，一物行一事之功用，不得随便使用。

案，古时进食和读书时使用的家具。一方面，人们常把几与案相提并论，实际上在形式上也较难区分它们，在造型上“案”相对“几”形体要大一些；另一方面，案与俎是平行发展的，俎作为礼、祭之具，一般是为死者而设，案则承载着生存者生活之用。

而对于目前生活中使用最广泛的桌子来说，古时

① 张福昌. 中国民俗家具. 杭州：浙江摄影出版社，2005：8.

② 于伸. 木样年华——中国古代家具. 天津：百花文艺出版社，2006：27.

本作“卓”，因多数为木制，所以加“木”作“桌”[①]。从造型上看，春秋战国时期的俎(图3-19)已具备后世桌子的雏形了。从古迹中去考察，早期的桌子形象既可以从汉画像面上见到，又可以从唐代敦煌壁画中看到[②]。但不管怎样，从唐代开始逐渐使用桌子，到宋代进入高坐时期，桌子已是生活中必不可少的家具，桌子也有了台形桌案、琴桌(抚琴时专用)、供桌(祭祀之用)之别，桌椅已经成为不可分割的整体。

① 华夫.中国古代名物大典.济南:济南出版社,1993:2.

② 聂菲.家具鉴赏.桂林:漓江出版社,1998:12.

图3-19 河南出土的春秋镂孔蟠虺纹俎

从俎、几、案到桌的形制演变过程中，除了因为人们生活习惯的改变，高度从低矮型向高坐型过渡外，值得说明的是，承具类家具从早期到现今，其使用的功能往往都是“一物多用”，体现了中国人“一器多用”的器物设计观。

(4)庋具

“庋”即“藏”。庋具是指用来储藏物品的器具。在古代食物出现剩余之时，就有了盛藏东西的事因，庋具正是顺应这种需要而产生的。目前，箱、橱、柜是使用最广泛的贮具，但其始祖是古时的禁和棜[③]。禁是一种用来盛酒或祭祀的有足家具，长方形，形同台

③ 胡文彦，于淑岩.中国家具文化.石家庄:河北美术出版社,2002:4.

案。棜是一种陈馔（盛放饮食之意）的无足家具，形如方盘，下有两杠。禁和棜在周朝就已广泛出现，但作为礼器，使用者是地位相对低下的大夫和士，天子和诸侯一般不用。如《礼记 · 玉藻》中就说："大夫侧尊用棜，士侧尊用禁。"[①]

箱、柜的使用可以追溯到夏商周时期，《国语》中就有记载："夏之衰也，褒人之神化为二龙，夏后卜杀之与去之与止之，莫吉。卜请其漦而藏之，吉。乃布币焉而策告之，龙亡而漦在，椟而藏之，传效之。"椟，就是人们所称的柜[②]。如东汉许慎在《说文解字》中说："椟，匮也。""匮"即柜。柜在先秦时期实际上是一种盛装物品的小匣子，有点像今天的"箱"或"盒"，这里从《韩非子》所载的郑人"买椟（柜）还珠"的故事中也能推测到。汉代后才出现了区别于箱匣的小柜，唐朝以后柜的形体逐渐增大。到了宋明，作为一种带有对开门的长方体的贮存衣物用品的家具，柜的形制与今天没有什么差别，种类也趋于繁多，出现了四件柜（一种组合柜）、圆脚柜、亮格柜和橱柜等[③]。

箱在古时与现代的概念也不同。古代的箱，是指车内存放东西的地方。如《说文》："箱，大车牡服也。"《篇海》："车内容物处为箱。"[④]箱作为一种储藏衣物的方形家具，与战国时期"箧"（箱子之意）的说法颇近。如《左传 · 昭公十三年》中所说："卫人使屠伯叔向羹与一箧锦。"实际上，在山西长县长治分水岭 269 号墓就出土了春秋晚期的漆箱[⑤]。

橱则是一种形体与桌案类似、前面开门的置物家具，晋代才开始有"厨"（同橱）之称。将抽屉结合到橱上的抽屉橱在中国宋墓壁上就已发现，而西方 17 世纪才出现抽屉柜，中国的这一发明比西方早了几百

① 胡文彦，于淑岩. 中国家具文化. 石家庄：河北美术出版社，2002：15.

② 刘景峰. 中国古典家具收藏与鉴赏全书（上）. 天津：天津古籍出版社，2005：166.

③ 聂菲. 家具鉴赏. 桂林：漓江出版社，1998：13 – 14.

④ 刘景峰. 中国古典家具收藏与鉴赏全书（上）. 天津：天津古籍出版社，2005：166.

⑤ 聂菲. 家具鉴赏. 桂林：漓江出版社，1998. 13.

年[1]。根据其储藏东西的种类,橱可以有衣橱、碗橱、药橱等不同造型。

① 姜维群.民国家具的鉴赏与收藏.天津:百花文艺出版社,2004:35.

其实除了箱、柜、橱,中国历史上还出现了不少其他形态储藏物品的家具,主要有奁、盒、笥、笼等。"奁"在战国时期流行较广,是一种用来盛放梳妆用具、珠宝类装饰品、香料、钱币或其他精致物件的容器;"盒"在西汉时期又叫"合(音格)",也是一种盛装物品的方形容器,其盛装物相对奁而言更广泛;"笥"一般是用竹子纺织而成的,主要用来盛藏食品、衣料、草药、香料及杂品等物品;"笼"也是一种竹编的器具,早在楚墓中就已发现[2]。

② 李宗山.中国家具史图说.武汉:湖北美术出版社,2001:149-150.

总之,从庋具类家具的产生到发展,其品种与形制日趋完善,大型储藏家具如箱、柜、橱类形制变化小,小型盛装家具,如奁、筐、盒、笼、笥及其他竹编家具等,则形制相差大。透过庋具品种与形式的多样性,可以看出中国人在古代对生活用品的重视以及在不断创造家具新品种中所体现的聪明才智。

(5)屏具

早在席坐文化时期,中国人就有了"隔"的事因,发明了帷幕、围帐[3]来抵御风寒。后来随着床、榻的出现,这一功能逐渐被屏风所取代。屏风的出现至少可以追溯到西周初期,当时称之为"邸"、"扆"或"斧依"。如《周礼·天官》中记载:"王大旅上帝,则张毡案,设皇邸。"郑玄注:"邸,后版也。玄谓后版屏风,与染羽象凤皇羽色以为之。"《尚书·顾命》也有记载:"狄设黼(同斧)扆缀衣",孔安国传曰:"扆,屏风,画为斧纹,置户牖(音友)间。"[4]

③ 所谓帐,其形似覆斗,常常做四角攒尖顶。

④ 赵琳.魏晋南北朝室内环境艺术研究.南京:东南大学出版社,2005:112.

由于屏风具有移动方便、间隔空间、烘托室内气氛等功能,因而早在汉代,就成了家具中最具特色的品种，出现了围屏、挡屏、小座屏、插屏等不同功能的家具形态[①]。从形制上看，屏风主要可以划分为座屏和围屏两种形式。座屏带有底座，造型为"一"字形，由于底座支撑占地面积较小，稳定性较差。围屏是指有多幅屏的屏具，一般可折叠，使用时可根据需要摆成曲尺形，形成一种稳定围合之势。在床榻起居时期，围屏常与床榻榫合而成，也有依倚之功能[②]。

总之，屏风是中国古代最富有民族特色的家具之一。与其他类型家具不同，屏风是一种特殊家具，基本上没有直接使用的功能（只有床榻上的围屏有依倚之功用），从早期防风御寒的实用性功能，转化为心理性、审美性和象征性功能。从心理上讲，屏风对空间的划分给人创造了相对安全的私密性心理空间；从审美上讲，屏风对室内的装饰性以及在屏风上的装饰，表达了人们一种出自内心的对美的追求；从象征意义上讲，屏风的好坏体现了使用者的身份与地位。据古代文献考究，商周时期屏风几乎是帝王的专用品，后来尽管屏风进入了士民之家，但统治阶级为了显示其富贵与荣华，常常在屏风工艺、材质及制作上极尽挥霍。《盐铁记》中就有"一屏风就万人之功"的描述，《太平广记·奢侈》就有价值连城的"云母屏风"、"琉璃屏风"的记载[③]。

（6）架类

架的形态出现也许产生于早期人类用立在地上的树枝悬挂衣物一事。衣架应是最早出现的一种架类家具。在《礼记·内则》就提到过"椸（音移）枷"一物，实际上就是今天的衣架，只是古时衣架的形制与现代的形式不同，一般是横杆式。到了汉代，"衣杆"一词相当于衣架。宋以后，衣架才得到较大推广。在

① 于伸. 木样年华——中国古代家具. 天津：百花文艺出版社，2006：58－59.

② 赵琳. 魏晋南北朝室内环境艺术研究. 南京：东南大学出版社，2005：114－115.

③ 刘景峰. 中国古典家具收藏与鉴赏全书（上）. 天津：天津古籍出版社，2005：166.

衣架出现之后，因为悬挂或承托东西的不同，古人又发明了盆架、灯架、梳妆架、兵器架、器具架、乐器架等种类繁多、功能不同、形态各异的家具形态，从中也反映了中国人围绕“悬挂”一事精心设计的民族个性。

3.4 缘饰

——装饰源自人的天性，表现出理想化的形式追求。（王令中）

日本工艺美术评论家海野弘认为：“装饰，是人与世界取得联系的最初形式，从中可以发现人类认识世界的原始性。或者说远在语言生产之前，人类已经借助装饰——这种空间性的思维方式认识世界了。”[①]诚然，艺术的起源是以装饰的出现为标志的。早在原始社会，人类就开始有了图腾[②]崇拜和文身装饰。在造物活动中，除了造型，装饰成为人类改变世界的另一种极其重要的手段，反映了人类对美的追求与向往。

3.4.1 装饰之道

在中国，早在先秦时代哲人们就对“装饰”有了较深的阐释，装饰即“饰”，饰又如同“伪”，“伪”即人为，人工化的修饰行为。如文献所说：“可学而能，可事而成之在人者，谓之伪。”[③]中国装饰艺术是随着人类文明的产生而产生的。从远古的岩画、陶器上的彩绘到丰富多样的装饰手段与技法，可以说装饰艺术的发展从未间断过，各个时期都留下了时代的印迹。作为人类造物艺术的一个品类，家具的装饰也是如此。

① (日)海野弘. 装饰与人类文化. 陈进海译. 济南：山东美术出版社，1990:163.

② 由于缺少像世系群那样的居住的统一性，所以氏族常常依靠一些象征符号——动物、植物、自然力、颜色和特殊物品——来促进其成员的团结，并为他们提供一种现成的认同方式，这些符号叫做图腾。见：威廉·A·哈维兰(美). 文化人类学(第十版). 瞿铁鹏、张钰译. 上海：上海社会科学院出版社，2006:301.

③ 李砚祖. 造物之美. 北京：中国人民大学出版社，2000:71.

尽管我们没法考证远古时期最早出现的家具装饰形式或方法，但从考古发现的现存早期文物中去看，透过家具始祖——席的编织纹，古床上的雕刻，几案上的纹饰以及古老漆木家具，就不难发现中国家具的装饰是伴随着中国家具的产生而产生的，是伴随着中国文明的进步而进步的。正如蔡元培先生所说："人智进步，则装饰之道。"[①]同时，中国家具由于其文化审美、结构特征、工艺技术及质料取向等方面的不同，决定了家具设计特有的装饰理念，形成了中国家具独特的装饰之道。

① 蔡元培. 装饰. 见：奚传绩. 设计艺术经典论著选读. 南京：东南大学出版社，2006：60－61.

其一，中国家具在装饰上强调造型与纹饰的对立统一。一般而言，中国家具的造型往往具有端庄稳重、方正对称、规矩严谨等特征，这与中国人静定、保守的性格息息相关。但透析其纹饰，则发现其往往表现为一种与造型迥然不同的风格：自然、活跃而充满生气[②]。这些在传统家具中随处可见、可感，如图3－20中的老花梨木翘头案，四平八稳的造型上，案腿与面板交接处的云纹优美生动，给沉静肃穆的形体增

② 朱增华，陈文化. 技术美学概论. 长沙：中南大学出版社，1994：309－310.

图3－20　老花梨木翘头案

添了一种动的感觉，使得造型霍然生辉。在造型与纹饰的关系上，中国工匠们表现出一种特有的整体协调的审美智慧，家具设计中能始终体现出以造型为主，纹饰不是附加，在不破坏造型格调的基础上起点缀、调和及美化的功效。

其二，中国家具在装饰上强调装饰与结构的有机结合。中国家具装饰与结构具有同构性，其结构特性往往体现出一种特有的结构美。这种结构美，除了出自于经营巧妙的“攒边”技法与坚固密合的榫卯结构外，大多数情况往往依靠装饰性结构部件的运用来体现。像牙头、牙条、券口、挡板、腿足、角牙、围子、绦环板、卡子花、霸王帐等家具构件，既可以说它们是结构性构件，起支撑、加固、实用的功效，又可以说是装饰性构件，起美化作用，而且这些构件也是家具工匠们精雕细琢的主要对象。此外，装饰性的“线脚”运用也是传统家具中津津乐道的装饰手法，透过其变化多端的线脚造型和简洁利落的线脚转折，可以使家具简洁疏朗的造型不会因为缺少装饰而乏味，起到一种画龙点睛的作用。利用线脚丰富家具的视觉感受也就成了中国家具装饰的审美特征之一[①]。

① 朱增华，陈文化. 技术美学概论. 长沙：中南大学出版社，1994：310－311.

其三，中国家具在装饰上强调装饰内容的文化内涵。中国家具装饰内容大致有四类：结构性纹饰、动植物图案、历史故事与民间传说、寓意象征性和抽象性符号。这些装饰内容通过雕刻（透雕或浮雕等）、漆绘等手法表现，往往成为中国家具特有的民族个性。特别是家具中的纹饰图案，是中华民族特殊历史背景下的文化象征和形象符号，只要你能通达，便能读懂其过去的年代和岁月。正如有人所说：“一个图案‘寿’字，童蒙时观之觉是光洁匀称，少年时观之觉是雅致舒适，中年时观之觉有贤和中庸之道，晚年观之觉道法自然平和心情、动静有度方可长寿。”[1]

其四，中国家具在装饰风格上走的是一种稳定性与多样性的道路。一方面，由于受中国文化的影响，中国家具装饰文化一直是沿着稳定、渐变的步伐发展的；另一方面，由于装饰手法及装饰题材的不同，以及使用者的地位与要求等方面的差异，导致了中国家具装饰风格的多样性。在传统家具装饰中，大致可以分为三类。一类是朴素型，主要是平民百姓使用的民间家具，这类家具除了装饰造型外，家具表面一般不会有任何修饰，体现出一种粗犷、质朴、素静无华之感。一类是典雅型，一般为文人使用，明式家具装饰风格属此类。该类家具往往是在装饰造型基础上进行一些局部精致装饰，使得家具体现出一种雍容雅致、端庄大方、秀丽华美的艺术品质。一类是奢华型，一般为皇宫贵族使用，清式家具属于此类。这类家具在装饰上极其讲究，“求多、求满、求富贵、求华丽”，追求一种华贵亮泽、金碧辉煌、富丽堂皇的视觉感受[2]。

3.4.2 装饰之法

作为一门最古老的艺术形式，装饰随着生活器具种类的增加及工艺技术的创新，其手段与技法也趋于多样化。如蔡元培先生所说：“装饰者，最普遍之美术也。……其所掩之技，曰刻、曰铸、曰陶、曰镶、曰编、曰织、曰绣、曰绘。”[3]在中国家具设计中，早在先秦时代就有了雕刻、漆饰等各种形式的装饰方法，到了清代，家具的装饰之法演绎到了炉火纯青的地步。家具离不开装饰，人们的生活更加离不开

① 濮安国. 明清家具鉴赏. 杭州：西泠印社，2004：121.

② 庞国华. 明清民间家具的装饰语言. 装饰，2003，123(7)：47－48.

③ 蔡元培. 装饰. 见：奚传绩. 设计艺术经典论著选读. 南京：东南大学出版社，2006：60－61.

装饰。从古至今，中国家具的装饰手法（图3-21）主要包括：漆饰、雕刻、镶嵌、点缀、编织、铀彩和五金件装饰等。下面就中外家具史上颇具中国特色，体现民族个性的漆饰、雕刻、装饰图案、五金配件装饰等方面略作介绍。

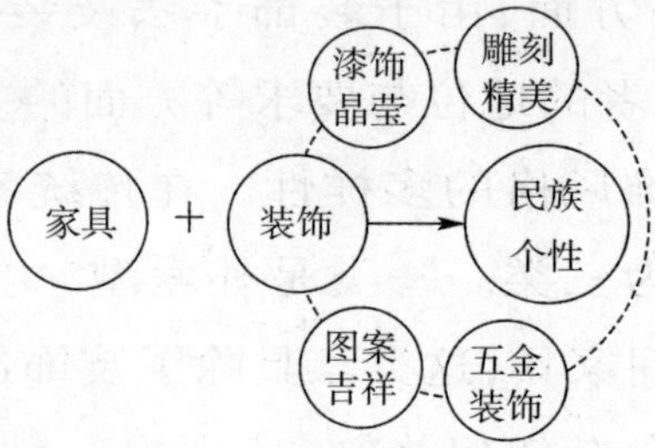

图3-21　中国家具的装饰

（1）漆饰

中国是世界上最早生产漆器的国家，从《韩非子·十过》"流漆墨其上"的记载中推算远在7000年前的尧舜时代就有使用漆器的历史。事实上，考古专家从浙江河姆渡文化遗址中发现了现存最早的朱漆木碗和朱漆木筒，也可印证这一点。[①]漆器的产生是受地域因子影响的结果，因为中国漆是以一种叫漆树的汁液为原料制作而成的，而这种漆树只能生长在亚洲。这样一来，就可想而知漆家具是中国享有得天独厚的环境优势的结果。

① 高丰. 中国器物艺术论. 太原：山西教育出版社，2001：225-226.

其实，作为漆家具的故乡，中国漆在家具中的应用，除了原料的原因，笔者认为，还取决于中国民族自身的观念认识，这可以从实用及装饰上去分析。从实用上讲，中国人较早地从观念上选择了木材作为建房材料，不像西方人选择石材，由于木材易腐朽、使用寿命较短，漆的早期使用按逻辑推理应是为保护木材而施的。从装饰上讲，中国漆的使用也许是原始民族最早出于装饰的需要。“当达尔文将一段红布送给一个翡及安的土人，看见那个土人不把布段作为衣着而和他的同伴将布段撕成细条缠绕在冻僵的肢体上面当作装饰品……”[1]由此可见，喜欢装饰应是人类最早也是最强烈的欲求。对于原始人来说，既然可以舍弃红布的保暖或遮羞之用而选择作为装饰之用，还有什么理由不认为古人们为了装饰不会费尽心思，这也可以从繁琐的漆艺制作工艺中看出。漆饰工艺复杂，有时需要30多个工序长达近1年的时间才能完成。

①（德）格罗塞.艺术的起源.蔡慕晖译.北京：商务印书馆，1996：42.

早在战国时代，漆工艺就有了相当的水平，在湖南长沙楚墓中就发现了几、床、忱等卧具类漆制家具。到了秦汉时期，髹漆技术已发展到了一个全新的水平，工种齐全、分工严密、技术精湛。特别是西汉时期，漆木家具造型与装饰达到了实用性与艺术性的完美结合，将中国家具推上了历史上矮坐阶段的鼎盛时期。后来到宋代，漆雕工艺的广泛使用，以及漆艺技术在民间的广泛推广，为家具的造型与装饰又谱写了一个新的篇章。明清时期，除了明式、清式家具，漆饰家具同样也达到了中国古代家具历史的顶峰，在世界家具史上成为中国式样的杰出典范。在世人眼里，当时只有漆饰家具是最贵重的，也是最精美的[2]。

②濮安国.明清家具鉴赏.杭州：西泠印社，2004：5.

也许古人较早地掌握漆的制作工艺与技术，古人生活中处处烙上了漆的痕迹。正如第一位进入中国内地的意大利传教士利玛窦在1669年出版的《出使中国记》中所载，在中国，无论是船、建筑，还是桌子、床甚至厨房用具，处处都髹上一层闪亮的漆。“漆的晶莹、透明、深沉、蕴藉之黑，的确是世界上最美的黑。”（漆艺家乔十光）[3]正是中国漆赋予家具独特的美，所以当十七、十八世纪中西文化发生碰撞之时，西

③乔十光.于漆海中立精神——漆画语言的探寻，转引于高丰.中国器物艺术论.太原：山西教育出版社，2001：225-226.

方人被中国漆家具深深吸引，大量的外销的漆家具，如各式各样的椅、箱、盒、橱柜及屏风等，很受欧洲市场欢迎。中国家具的漆饰纹样及配色方法等方面对西方家具都产生过较深的影响[①]。

① 袁宣萍. 中国外销漆家具及其对欧洲的影响. 装饰，2006，159(7)：22－23.

总之，漆饰通过其独特的工艺技巧赋予了家具稳重而庄严、大度而豁达的气势，漆饰家具通过中国大漆的彩色以及漆艺的装饰，给人们审美情趣上带来了其他类型家具无与伦比的漆饰美和漆艺美。

(2)雕刻

在中国，除漆饰外，雕刻也是一门最古老的装饰艺术。从人类最早使用木头开始，木雕艺术也就产生了。据考古发现，我国的雕刻装饰艺术史可以追溯到7000年前的新石器时代晚期，在辽宁和河姆渡出土的木雕鸟和木雕鱼，是迄今发现最早的木雕作品，在湖南也发现最早使用的雕饰陶器——满饰浮雕的白陶盘[②]。在家具史上，从河南信阳发现的战国时代彩绘木床，其床足透雕成对称的卷云形托肩，这足以证明，早在战国时代中国古人就已掌握了雕刻技术，并已运用到家具上。

② 周燕玲. 中国古典家具中的雕刻装饰研究(学位论文). 长沙：中南林学院，2003：5.

到了商代，斧、斤、刀、锯、凿、钻、锥、针、铲等手工加工工具的完善，为浅雕工艺创造了较好的基础条件。我们透过雕刻精美的青铜器和玉器，可以推测到家具上的雕刻水平肯定也是相当不错的。当时的漆木家具大多是木雕与彩绘相结合的精品，木雕工艺与技术经过秦汉、魏晋六朝、隋唐以及宋的发展，雕刻手法也逐步走向成熟，装饰题材与形象也趋于多样化，为明清家具的繁荣作了较好的铺垫。

值得说明的是，雕与漆在中国古代器物上一直是相互依存的。早期的漆木家具，大多是木雕与漆绘的杰作,这里可以从战国时代的云纹几、卷云纹案、三角云雷纹俎等家具(图 3－22)上领略其风采[1]。这种在漆器木胎上的雕刻技术到唐代后开始有了一个较新的突破,就是雕漆技术的出现。雕漆的最大特点是不在木胎上雕镂而是在厚漆层的胎型上进行雕刻,使漆色呈现出具有立体感的浮雕效果(图 3－23)。雕漆与家具的结合,直到清代乾隆时期才出现,像一些大型的雕漆宝座、屏风、床榻、衣柜等,通过在漆与雕之间做文章,使家具更显细腻、丰富与精致[2]。

① 吕济民. 中国传世文物收藏鉴赏全书——漆器(上). 北京:线装书局,2006:34.

② 高丰. 中国器物艺术论. 太原:山西教育出版社,2001:238－240.

图 3－22　战国时期的漆木家具

图 3－23　漆雕云龙纹盏托

雕刻装饰到了明清时期，迎来了雕刻史上的顶峰。家具雕刻出现圆雕、浮雕、透雕、浅刻、平地浮雕等多种手法。装饰题材有植物纹、动物纹、如意纹、怪兽纹等，构图上多采用对称式[①]。明式家具在简洁的造型基础上饰以微雕细琢，通过雕刻纹饰给整体造型平添了流动的情意，“多一分则繁缛，少一分则寡味”[②]，充分体现了在雕刻纹样与手法上的用心良苦与恰到好处。清代家具的雕饰在清前期至中期最为成功，整体装饰效果较好，特别是康、雍、乾盛世的家具雕饰风格写实，颇有神韵[③]。但清晚期的家具，在西方巴洛克及洛可可风格的影响下，尽管家具雕刻技艺高度成熟，但工匠们将雕刻装饰演绎到了粗俗繁复的地步，雕刻的过分宣扬以致工匠们有了“卖弄技巧”之嫌，这里印证了中国“物极必反”这样一句老话。清式家具雕刻繁琐细碎，雕饰图案繁丽粗俗，不堪入目，大大地破坏了中国家具所固有的“整体感”的传统，使得晚期清代家具成为中国家具设计上的一大“败笔”。

（3）装饰图案

不管是漆饰中的彩绘，还是雕刻中的纹样都离不

① 聂菲. 家具鉴赏. 桂林：漓江出版社，1998：168.

② 众达. 明代家具，在中国家居历史长河中雕刻精品. 中国林产工业，2006，(6)：47－60.

③ 田家青. 明清家具鉴赏与研究. 北京：文物出版社，2003：71.

开装饰图案的使用。从古至今，由于中国人的喜好以及独特的文化习俗赋予了家具丰富多彩的装饰题材，以及形式多样的图案类型。在传统家具中，图案的主要形式有动植物纹样、几何纹样、吉祥文字与图案、宗教图案、山水、人物画等。

造型艺术起源于模仿，同样，装饰艺术的产生也来源于人类的模拟思维。正如格罗塞在《艺术的起源》中所说："原始民族的装潢，大多数都是取材于自然界，它们是自然形态的模拟。……所不同的是文明民族的装潢艺术喜欢取材于植物，而原始的装潢艺术却专门取材于人类和动物的形态。"[①] 由此看来，动物纹饰应该是最早出现的纹样，古人从人与动物的形态中取象，通过抽象与归纳、分解与综合、夸张与变形等手法，形成中国家具中特有的龙纹、凤纹、兽纹（麒麟和狮子）、花鸟纹（喜鹊、白头翁、蝙蝠）等。去年到江西上饶三清山游览时见到这样一幅景观（图 3－24），细想一下，这难道不是古人创作龙凤的原形吗？植物题材也是中国家具装饰图案中非常喜欢的纹饰，像卷草、荷花、如意、灵芝、松竹、梅花、桃、柿子、宝相花、石榴等，屡屡在家具的彩绘或雕刻纹样中出现。

① (德)格罗塞. 艺术的起源. 蔡慕晖译. 北京：商务印书馆，1996：90－91.

图 3－24　龙凤树

几何纹样，严格来说在家具的雕刻中并不多见，但在中国的室内窗花与屏风中非常普遍。国外有学者认为，早期的几何纹饰是由简化了的人物形象构成的[①]，我们也可以从中国早期出现的鱼纹、鸟纹、蛙纹等[②]去推测图案型几何纹的产生是出于早期对动物的简化与抽象（图 3－25）。但也有些几何纹是从工艺中产生的，人们在编织、锯、凿、刨、磨等加工工艺中，由于动作的规律性和工艺的特征，会给器具留下一些节奏感非常强的几何纹样，如曲折线条、平行条子和十字叉等，这种节奏与韵律之美激发了人们去仿造。图案的重复构成方法是归功于对工艺纹样规律的总结，同时，也反映了“劳动创造了美”（马克思）这一经典之说。中国家具中的回纹、窗格式组合纹、十字连方、万字扯不断等几何图案，是中国家具鲜明个性特色之一，同时也是现代家具乃至室内设计中借鉴较多的传统装饰符号。

① Stolpe. Entwicklungserscheinungen in der Ornamentik der Naturv? lker，转引于（德）格罗塞. 艺术的起源. 蔡慕辉译. 北京：商务印书馆，1996：93.

② 李泽厚. 美的历程. 天津：天津社会科学出版社，2002：32－36.

图 3－25　鱼纹、鸟纹、蛙纹的演变

吉祥文字与图案的装饰也是中国特色的典型范例，不管是在漆木家具的装饰上还是在雕刻家具上，中国人喜欢的“福、禄、寿、喜”等吉祥文字在家具中屡屡可见。图 3－26 就是一款清中期的红漆嵌螺钿“百寿字”炕桌，千姿百态的“寿”字赋予了该炕桌特有的纹理，具有强烈的民族个性。同时，吉祥图案的纹样以祥瑞的特征，源于商周，始于秦汉，成熟于唐宋，兴盛于明清。吉祥图案的取材非常广泛：有各种历史人物类戏曲传说；有象征辟邪扶正的动物类龙狮戏耍；有表达勤作康寿的家畜类牛、马、鹿等；有体现嬉戏平安的家禽类瑞鸟；有传送喜庆纳祥的鱼虫花草；有亭阁楼台、山水山石衬托的风景图案；有用于纳吉辟邪的传统器物和古代宝物等[①]。在家具设计中，中国人借助具体形象通过“谐音”而寓意的吉祥组合图案，如年年有余（莲花与鱼）、“福寿双全”（蝙蝠与桃）、福在眼前（“福”字与铜钱）、马上封侯（马与猴）、龙凤呈祥（龙与凤）等，表达了人们对幸福、安康、喜庆、平安、富裕等美好生活的向往与憧憬。

① 路玉章. 中国古家具鉴赏与收藏. 北京：中国建筑工业出版社，2006：21－22.

图 3－26　百寿字炕桌

宗教图案在中国家具装饰的应用，主要是受佛教的影响，特别是魏晋南北朝时期以莲花（佛门的圣花）为主题的图案在家具装饰中应用较为普遍。佛道八宝（轮、螺、伞、盖、花、罐、色、肠）以及道教八仙及手中手持之物（芭蕉扇、宝剑、渔鼓、拍板、葫芦、笛子、花篮、荷花）等也是常用的装饰题材。此外，山水、人物装饰题材在硬木装饰家具中并不多见，但在漆木家具中，往往借助描金、描漆、嵌薄螺钿等手法来塑造山水与人物场景，也构成了中国家具的靓丽景观之一[②]。

② 王湘. 中西古典家具的比较研究. 哈尔滨：东北林业大学（学位论文），2001：39－40.

总之，中国家具在装饰题材与图案方面，尽管与西方家具在取材的类型与构成方法等方面有异曲同工之妙,但由于中国本土文化的独特性与特殊性,在取材上充分反映了中国劳动人民与统治阶级的生活追求。在图案构成上中国人侧重于抽象含义,创作了龙凤、麒麟等传统图形。这也许与中国人擅长的具象思维不符,但从文化上去理解,中国封建社会所积累的礼仪制度与等级观念,赋予了家具装饰一种典型的象征功能。像集九种特征为一体的"龙"就聚多种象征于一身,勇猛、威武、喜庆、吉祥、神秘等,龙的纹样也有多种,特别在封建社会后期,龙被授予了更多的政治使命,被看成是皇权与地位的象征[①]。此外,家具装饰题材与图案中更多地体现吉祥之意,这是中国特有的文化现象。中国文字独特的装饰性与寓意,中国语言中"音"与"形"之间的谐和,以及中国人喜欢幸福、喜欢长寿、喜欢平安的民族个性,使得吉祥意象的装饰图案在家具中处处可见。中国人是会生活,也是最能读懂生活的民族。透过一幅吉祥的图案装饰,有时觉得有点幼稚,有时深奥得不是文人还读不懂,但有一点可以肯定,几乎"每个人都可以在物和物之间做解释,形与形之间做解释,每个人都可以因境因物说吉祥话。"[②]传统的中国人是真正生活在一个文意与物象互通的象征世界中的。

(4)五金配件装饰

"所有的事物最终都要连接起来,人们、思想、物体等……连接的质量从本质上讲是质量的关键"[③]。连接的概念在设计中尤为重要,在家具中也是如此。正是中国古人最早发明了榫卯结构的连接方法,为家具的造型提供了保障。进入铁器、青铜器时代,由于家具品种的增多和连接功能的需要,也就促进了家具

① 叶佑天.传统工艺美术中吉祥图案的文化意蕴. www. dolcn. com, 2006-08-21.

② (台)汉宝德.中国建筑文化.北京:三联书店,2006:164.

③ 许美琪.椅子:设计的多样性和连接的本质.家具,2001,(6):40-43.

五金配件的产生。如果说早期的五金配件是出于连接或使用（如拉或提）等实用功能的需要，那么到了后来，装饰性的需要则在家具设计中占了主角。形式多样、纹饰优美的五金配件与家具整体造型融为一体，人们似乎忘却了它的基本功能，被其造型与装饰所映射出来的艺术美所吸引。正如德国学者古斯塔夫·艾克在《中国花梨家具图考》中所说："五金配件之于中国家具，犹如镀金装饰之于洛可可作品。这些配件的分布对增添大衣橱、柜橱和五屉橱的美观起很大的作用。"①

在家具上采用金属饰件，在中国自古有之。早在商周时期，就出现了木胎包铜工艺。春秋战国时期，随着青铜技术的改进，出现了金银蜡、鎏金等装饰工艺，漆木家具上采用了金、银、青铜等金属装饰构件，特别是青铜扣件在漆木家具中广泛应用。唐代以后，家具五金件的装饰性大大加强，像橱柜上的蝶形合页、插销、锁等已颇具美学价值，还有家具角部包镶着的带花纹的构件，既是一种保护又是一种装饰。后经宋元时代，家具品种的完善及金属加工技术的成熟，也促进了家具五金件的使用。再到明代，使用金属配件成为当时家具装饰的特点之一，以铜铁片叶在柜、橱、箱、椅、交机等家具上做包裹及使用面叶、拉手、台页等金属装饰件，在明式家具中已相当普及。到了清代，家具五金件的材料仍然以金、银、铜、铁为主，但其造型上趋于多样化，包括方形、圆形、菱形、蝶形、矩形、条形、古币形、云头形、海棠形等，装饰上则受到欧洲风格的影响，变化繁多，也有鱼纹、鸟纹、如意纹、蝉纹、绳纹、回纹、夔龙纹等优美流动的纹饰。②

明清时代，由于家具品种的齐全与稳定，中国家

① 唐昱. 中国古代家具里的新技术. 家具与室内装饰，2000：(1)：16－17.

② 唐彩云. 中国家具传统五金配件的研究（学位论文）. 长沙：中南林学院，2004：4－7.

具五金配件品种最为成熟。通常按功能来分，大致有三类：第一类是连接家具并使之活动的合页，主要用于箱、柜、橱等家具的铰链部分，这是这类家具的必不可少的配件。第二类是拉手，作箱橱等家具的提携之用，其形式包括抽屉面板上的吊环和吊牌、箱盒提环握柄、钉在橱柜前面的面叶或面条等。第三类是镶在柜、橱、箱、椅上的包裹及面叶，起加固和保护作用。此外还有锁具及钉类等五金配件[①]。

① 张继娟. 略论中国传统家具五金构件的装饰作用. 家具与室内装饰，2006，(10)：50－51.

总之，中国家具的五金配件种类繁多（图3－27）。装饰上，风格多样、变化多端；装饰题材常常是中国传统的吉祥图案，寓意丰富，体现一种特有的含蓄之美。色彩上，其金属色泽与木材或漆饰的自然淳朴所形成的对比，为家具平添了几分高贵华丽之感。结构上，它有时是家具不可或缺的构件之一（如合页），有时是家具赖以使用（如拉手）或保护（如包裹及面叶）的构件，集实用与装饰于一体。造型上，其丰富多彩的造型式样不仅本身形成一种装饰之美，同时，五金配件相互之间，以及与整体家具造型之间所形成视觉上的对比与统一，使得家具拙中藏巧、朴中显美。

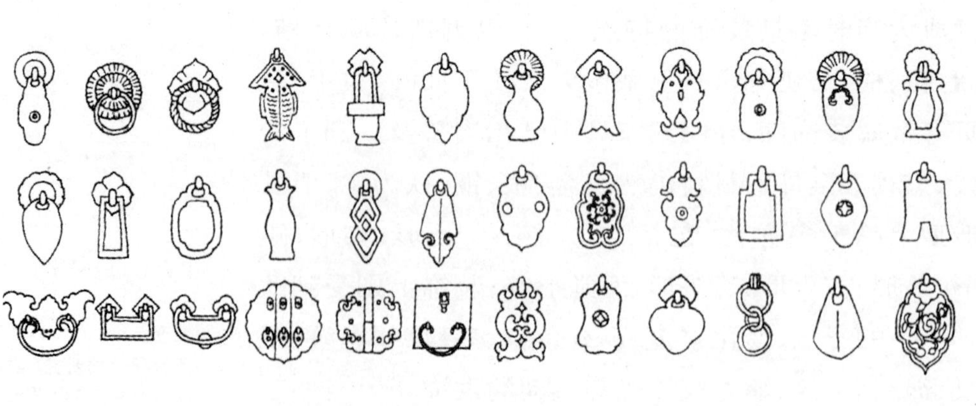

图3－27　中国传统家具五金件

3.5 小　结

设计是一种造物活动。家具作为一种人造物，其缘起是文化作用的结果。中国家具的产生是伴随中华文化的产生而产生的，中国人在其家具的创造中形成了一种特有的生活影缘。

透过中国家具的现象，可以看到中国家具物缘求新的民族特性。这种“新”主要体现在：①席的出现，是最伟大的发明之一，揭开了中国家具史上崭新的篇章，标志着人类从野蛮走向文明，由席而产生的生活礼仪与起俗习惯影响了数千年来中国家具的形制。②尽管椅子的出现，中国相对西方要晚得多。从其产生到普及，演变时间长达上千年，但从“椅子”这一典型家具形态上，能读到中国人对外来文化的包容以及自身文化的创新。③明清家具是中国家具的经典与顶峰之作，同时也将中国古典家具的创新发展到了极致。即使是今天，其风格仍被仿造，这表明它们在世人心中的地位与象征。④在制器造物中，中国人形成了特有的数象思维，中国人善于从生活的事因中去创造物缘，进而构建了由坐具、卧具、承具、庋具、屏具及架类等类型组成的家具体系。⑤独特的装饰文化也是中国家具民族性的典型特征。在中国家具中，独特的装饰动机与目的，使得中国人的装饰之道与西方迥然不同。从漆饰、雕刻、装饰图案与文字到金属配件装饰等装饰手法与题材上，可以看到中国人在家具装饰上的创新也是其鲜明民族风格得以形成的缘由之一。

第4章　中国家具之价值——人缘求真

4.1　能工巧匠

——智者创物，巧者述之，守之世，谓之工。（《考工记》）

“木头从未经加工的木板变成精致、漂亮和灵巧的形状，得归功于多个世纪以来在不停地传授并改进木械技术的手工艺人的技巧”[①]。事实确是如此，中国家具的辉煌历史，无疑离不开中国古代家具工匠们（主要指木匠）的贡献，在每一件家具中，处处都包含着他们的灵魂和智慧。

中国木匠们无所不“能”，他们对手上加工的木料性能了如指掌，对锯、刨、凿、铲、镇刀等技“能”样样精通，对床榻、几案、桌椅、板凳、箱柜、屏架等家具类型无所不做。同时，中国木匠素有“巧木匠”之美称，“巧”字用得恰如其分。一方面，木工匠们的“巧”巧在木工具的制作上，“公输子之巧，不以规矩，不能成方圆”（《孟子·离娄上》）[②]，“良匠造器，妙巧应规”（苏彦隐《几铭》）[③]。木工匠们利用最简单的方法解决不简单的问题，像木工加工的基本工具只有十来件，但遇到问题如有需要，则可以自制一些专用工具

① （美）保罗·克拉克，朱利安·弗里曼. 设计. 周绚隆译. 北京：三联书店，2002：30.

② 赵农. 中国艺术设计史. 西安：陕西人民美术出版社，2005：76.

③ 展望之. 中国装饰文化. 上海：上海古籍出版社，2001：54.

加以解决。在画线工具中,有一种用几个钉子钉在小木板上做成的"勒子",形式上非常简单,却解决了木工活中要求最精密的画线问题[①]。另一方面,木匠们的"巧"巧在"匠心"上,他们能迎合材料的特性,利用结构上的关系,使造型与装饰巧妙地融为一体,体现中国家具一种特有的非凡气概。所以用"能工巧匠"来形容中国工匠极为得当。

① 田家青.明清家具鉴赏与研究.北京:文物出版社,2003:187-189.

4.1.1 无名之辈

何谓"工匠",《考工记》中就有"知(同'智')者创物,巧者述之"[②]的论述,就是说工匠中有的智慧和才能较高,能够做一些原创性的创造发明,有的技巧高明能将各种物品制作得非常精美,这种制作与分工的传统代代相传,成为一种行规。由此可见早在春秋时代古人对工匠之事就有精辟的解释。一方面,工匠的工作是"智创"。从中国家具产生的"事因物缘"来看,每件家具作品都是家具工匠们在认识生活、理解生活、创造生活基础上的元创,每件家具新材料、新品种、新工艺的出现都是古代工匠聪明才智的展现。另一方面,工匠的工作是"巧述"。每位工匠从其师傅或父辈那里学会各种技能,并按照他所接受的做工传统从事着独特的工作,他们对各自的独特技能墨守成规。正是这样,熟能生"巧",中国家具的"巧"无处不在,真可谓无"巧"不成家具。

② 戴吾三.考工记图说.济南:山东画报出版社,2005:17.

"智创巧述"是中国古代家具木匠的真实工作写照,也反映了古代工匠与现代设计师的职责之分。因为设计师是工业革命后设计与制造分离、社会出现分工的产物,所以现代设计师的职责是"智创"即进行创造性的工作,而"巧述",即生产性的工作,一般不列入设计师的工作范畴。中国古代,工匠"一人之身,百工之所备"(《闲情偶寄·器玩部》),既是设计者,又是生产者。一件家具的出现,从设计到下料、加工制作,再到雕刻装饰的全过程往往都集于一人,真正体现了艺术与技术高度一致的工艺特征。

中国古代木匠以其聪明睿智为中国家具作出了杰出贡献(图4-1)。正如英国著名装饰家罗布士姜·纪丙生(T. H. Rrobsjohn Gibbings)赞叹:"以全世界的木家具而论,唯有四五世纪以前希腊的制作可以媲美中国家具的风格。中国家具主体充实、神色镇定、气概非凡。工艺匠人能施展幽雅的美德,把握技艺而使之流传于后代子孙。"[①]尽管历史对中国工匠们的贡献作出了合理的肯定的评价,但目前我们完全不能找到古代传统家具创作者的姓名,而西方设计者

① 聂菲.家具鉴赏.桂林:漓江出版社,1998:3.

图4-1 18世纪西方画家笔下的广东木工师傅

能和其作品流芳百世，这对于这些家具创作者来说，是不公平的。难怪杨耀先生曾说："我国家具在世界上独树一帜，并且享有如此长久的寿命，其间经过数度政治或宗教的变革，而能够始终保持着进步的意匠。可惜在史书里从来很少记录下一位巧匠或设计者的姓名。"①

① 杨耀.明式家具研究.北京：中国建筑工业出版社，2002:27.

透过中国古代家具工匠默默无闻、不愿张扬的性格，从中也能感受中国人的民族个性和价值取向。其一，从艺术的角度看，中国人眼中的艺术，主要包括诗琴书画等，而建筑、家具及其他器物工艺等并未列入其中，就像西方佛列治尔（Fletcher）所说："西方人心目中的美术，只有绘画为中国人所承认，雕塑、建筑，以及工艺品都被认为是一种匠人的工作。"②由此看来，古代匠人的地位是低于美术家的，美术作品可以署名，而家具及其他工艺品则没有必要。其二，从创造的角度看，一件完美的家具作品可能是集木工、雕工、漆工等多工种协作的结果，《盐铁论》就有："一杯棬用百人之力，一屏风就万人之功。"③家具作品大多是很多人合作完成的，而美术作品往往出于一人之手，这样就酿成了鄙视前者而尊崇后者的世俗看法，认为工匠们的制作是平凡的，而美术家的创作是非凡的④。所以，家具作品就没有铭文或落款的必要。其三，从文化的角度看，受中国儒文化的影响，重"道"轻"器"的思想根深蒂固，器物的制作一直被视为雕虫小技，不能登大雅之堂，因而在官方的典籍和正史中很难找到有关匠人们的贡献之记载，偶尔有也只是寥寥数语，更不用说为这些匠人留名垂芳。

② （港）李允鉌.华夏意匠.香港：广角镜出版社，1984:23.

③ 高丰.中国器物艺术论.太原：山西教育出版社，2001:228.

④ （日）柳宗悦.日本手工艺.张鲁译.桂林：广西师范大学出版社，2006:164.

尽管中国家具作品没能留下设计者的姓名，但我们不能忘记这些无名的工匠。他们当中大多数出身清贫，靠着吃苦耐劳的精神才学会熟练的手艺；他们当中大多数世袭家传，常常以拥有高超手艺为荣耀，但从不炫耀，在制作正宗的作品上刻下自己的名字；他们当中大多数学识不高，没有受过多少教育，也没有系统的知识，既没有"黄金屋"，又失去了"颜如玉"，但他们顺从传统且工作充实，不计名利与地位而忠于本职。

总之，尽管在史书文献中，从战国的鲁班到秦汉的胡宽、丁缓、李菊，再到隋唐的毛顺、李春等，对于这些人的贡献有所表彰，但相对长达几千年的家具历史发展长河来说，那也只能相当于大海中的一滴水。在中国家具世族，不能忘记那些默默无闻的工匠，应该为他们不计个人名利而辛勤劳作的精神加以赞颂。

4.1.2 工官制度

工匠的"工"字，最早见于商朝甲骨文的卜辞中，是指当时管理工匠的官吏。[①]实际上早在先秦时代，中国的工艺美术行业就有着较为先进的管理思想及制度。[②]这也正是造就中国家具、青铜器、漆器、玉器和陶瓷等工艺美术辉煌历史的原因之一。特别是在中国家具的生产与制作中，之所以能让那些看似平凡的"能工巧匠"各尽其才，应归功于中国自古以来形成的工官制度。

中国古代官府生产的分工非常明显，对"工"之职有许多描述。《考工记》中称"国有六职"，其中就包括"工"一职。《穀梁》成公元年《传》也曰："古者立国家，百官具，农工皆有职以事上。古者有四民，有士民，有商民，有农民，有工民。"《国语·齐语》中也有记载："公曰：'处士、农、工、商若何？'管子对曰：'昔圣王之

① 刘敦桢. 中国古代建筑史. 北京：中国建筑工业出版社，2000：20.

② 参见：黄森荣. 先秦诸子管理理念研究. 长沙：湖南教育出版社，2001.

处士也，使就闲燕，处工就官府，处商就市井，处农就田野……’。”[①]可见，古时工匠主要供职于官府，为统治阶级生产象征其身份及地位的奢侈及礼仪之具。

大量工匠在官府从事工艺之作，没有严格的组织与分工肯定行不通，所以古代对工匠之工种也有非常细微的划分，《考工记》就有“百工”之说，并详细论述了30个工种之事，到宋代就有手工艺“一百二十行”之称呼，明代则有“三百六十五行”之俗称。就木工而言，考工记曰：“攻木之工：轮、舆、弓、庐、匠、车、梓”，从工种来看，当时官府之工主要是从事军事之作，并未有专门从事家具制作的木匠，但《墨子·节用篇》百工中的“梓匠”，则应是从事造木器造房之人，其从事职业范畴肯定包括家具。除了木工，家具制作中还少不了漆工、雕工等，像漆工早在西汉时期就有非常严格的分工，具体包括：素工、髹工、画工、上工、铜扣黄涂工、铜耳黄涂工、清工、造工、漆工、供工[②]。

作为家具，一器而工聚，在其生产中古时对工种的细分是流水作业及批量生产的保证。俗话说：“名不正，言不顺。”古时工匠之名正，是其工艺技术水平的肯定，同时工种的细分有利于工匠水平的熟能生“巧”。这也是中国家具工艺水平高超的原因之一。

通过对工种细密的分工，在古代官府手工艺场中建立了非常严格的工官管理制度。柳宗元在《梓人传》中就认为，中国古代工艺创作中，除了强调设“规矩绳墨以定制”外，“善运众工而不伐艺”也是非常重要的准则[③]。通过有效合理地指挥、调整各项具体技术工作，使工匠们能相互协作配合、各尽所能，以达到应有的设计效果。正如墨子所说：“凡天下群工，轮车、鞼匏（音袍）、陶冶、梓匠，使各从事其所能。”

① 柳诒徵. 中国文化史（上）. 上海：上海古籍出版社，2002：238－239.

② 高丰. 中国器物艺术论. 太原：山西教育出版社，2001：228.

③（唐）柳宗元. 梓人传. 见奚传绩. 设计艺术经典论著选读. 南京：东南大学出版社，2006：30.

古时对工匠也有严格的管理制度，强调"治物者不于物，于人"(《吕氏春秋·不苟论》)。那时的百工都食于官府，据《隋书》记载，当时"征天下工匠，纤微之巧，无不毕集"。《唐六典》也说：唐玄宗时少府监有工匠上万人，将作监同样也达万人，还不包括临时雇用的工匠。对于如此庞大的制作队伍，官营手工业建立了一套相应的管理制度。如应役工匠未能按期服役或所做分工未达到要求者都要受到相应的处罚；对学徒工提供9个月至4年时间不等的培训与学习的机会，并进行考核。这些规定大大保证了中国古代手工业的生产水平维持在一个较高的层次上[①]。对工艺生产也建立了一些严格的处罚制度，如《吕氏春秋·孟冬纪第十》中就有记载："物勒工名，以考其诚；工有不当，必行其罪，以穷其情。"[②]

就具体的家具工匠而言，明代嘉靖以前工匠实行的是"轮班"、"存留"和"住坐"制。轮班在《明史》中就有记载："令籍诸工匠，验其丁力，定以三年为班，更番赴京轮作三月，如期交代，名曰轮班匠。"存留则不必赴京，留在地方制作，地方管理；住坐则为民间绝技者，由内宫监管理。[③]这种制度下客观上造成了工匠之间技艺的交流，家具制作的技艺大多是"口传身教"，表现为不自觉师承及演变。笔者认为这也是造成中国明代以前有关"工艺造物"方面的论著较少的原因之一，同时也是形成中国家具一脉相承的内因。官府对工匠们严格约束，限制自由，使得工匠们失去了敬业精神，在失掉了精神的鼓舞与推动的时候，代代相传的是方法，使得中国从家具乃至建筑走向模式化、形式化[④]，不像西方文化那样开放与进取。当然，明代嘉靖四十一年以后，国家对工匠的管理进行了改革，

① 夏燕靖. 中国艺术设计史. 沈阳：辽宁美术出版社，2001：117－118.

② 倪建林，张抒. 中国工艺文献选编. 济南：山东教育出版社，2002：55.

③ 罗军. 明式家具品赏. 中国美术教育，2000，(4)：44－46.

④ (台)汉宝德. 中国建筑文化. 北京：三联书店，2006：191.

实行缴银代替官工服役制度，从长期约束中解放出来的能工巧匠们，各显神通，都希望自己制作的家具在市场上能卖个好价钱，这无疑刺激并调动了工匠们的积极性和主动性，这也应该是促进具有高水平造诣的明式家具形成的原因之一。

就具体的工官管理体系而言，我们从"一屏风就万人之功"中就可以推测到分工劳作、流水生产的现代化生产模式其实早在几千年前的中国家具手工业制作中就已出现，只不过手工业创作体现的是工匠的"匠心"，并非现代生产的"械心"。在"分工劳作"的工艺生产方式下，古代也建立了严格的监督管理，像朝廷里就专门设立了掌管营造工程事项的"工部"，工部下设立了一些工官负责对各工种的协调、督察和家具的检验等工作。

总之，官府生产构成手工时代的主流。透过中国古代家具的工官制度，可以看出制度是设计水平和质量的保证。正是中国早期有了分工劳作的生产观念，强调治物于人的人本观念、奖罚分明的制度观念，以及各行其职的用人观念，才使得中国古代家具工匠在一种"各尽其用、各尽所能"的文化氛围中默默地奉献，为中国家具谱写了一个又一个灿烂的篇章。

4.2 仁礼之道

——知仁谊，然后重礼节。重礼节，然后安处善。（董仲舒[汉]）

孔子说："人心之仁"，"礼由仁生"。"仁礼"是中国儒家思想的精髓。从古至今，仁礼之道一直是中国哲学家们津津乐道之事。“仁”是一种对人心境界与功能的道德要求,“礼”是“仁”思想观念制约下的行为规范。仁礼思想在中国人观念中的根深蒂固,深深影响着中国的生活礼仪及习俗,同时也直接决定了中国传统家具功能及品种的多样性,客观上促进了礼仪家具的产生,并形成了中国家具一些独特的设计特征与表达。

4.2.1 “仁”之体察

——求仁,实现人格理想之路。(孔子)

对于“人”本身的定义及理解,中西方存在着较大的差异。在西方,按照存在主义者的观点,一个人只有以“自我”为中心,从所有的社会角色中撤出,他的“存在”才开始浮现。而在中国则强调人是所有社会关系的总和,“人”只有通过社会关系才能体现。同时,在这种社会关系的处理中,中国人特别强调“仁”,如古人所说“立人之道,曰仁曰义”(《前汉书》卷二十一上)。

“仁者,人也”。中文的“仁”不像其他与情感相关的字那样有“心字底”或“竖心旁”,而是由“人字旁”和一个“二”字构成,从中折射中国人对“人”的定义是基于一个“二人”的对应关系之中,在传统中国这种关系具体包括:君臣、父子、夫妇、兄弟、朋友[①]。在这样一种“仁”的关系的设计之下,使得中国人为人处世更富有“人情味”,而这种人情味在国外很难体察到。像英国著名作家格林曾说:“我被中国人吸引了,特别是他们那宝贵的人与人之间的关系。”[②]一方面中国人为人处世“处处以对方为重”,“不轻易拒

① (美)孙隆基. 中国文化的深层结构. 桂林:广西师范大学出版社,2004:13.

② 韦政通. 中国的智慧. 长春:吉林文史出版社,1988:5.

绝别人之要求”,“为别人办事宁愿自己吃亏”,甚至“人情高于原则”。另一方面,这种人情味也使得中国人较早地产生了人文主义[1]思想,贯穿并制约着整个中国的造物活动,家具当然也概莫能外。这些在中国古代的布“席”与设“榻”等制度中就可以略见一斑。

“仁者,爱人”。在中国人处理事情时,强调要有爱人之心。论语中涉及“仁”的地方就有100多次,但都因人因事而异[2]。同时这种“仁”由人及物,使得“仁人之事者,必务求兴天下之利,除天下之害”(《墨子·兼爱下》),“亲亲而仁民,仁民而爱物”(《孟子·尽心上》)。这样一来,在具体的中国家具设计中很早就有了重现世事功、民本主义的设计思想,早期的几、案、床、榻、柜等家具无不是这种功用思想促成下的产物。

“仁”是“五常”[3]之首,它代表着人们生活的一个侧面。透过“仁者,人也”、“仁者,爱人”,我们可以看出,尽管表面上仁是道德上的要求,但据孔子看来道德的尽善(仁)是与艺术的尽善(乐)融合在一起的,因而“仁”的实质,是与体现艺术的“乐”有着自然相通之处,即可以用“和”字来概括[4]。事实上,中国式的天理也许正是“二人”和合状态中衍生出来的“仁”。从思想境界来看,“仁”是人生理想境界的核心内容,“仁”的境界是一种主客相融、物我两忘、天人合一的反映与追求。[5]在中国家具设计中,“仁”的思想正是通过“和合性”而表现出来的“至理”与“至善”。中国家具的“和合性”及“天人合一”之境界将在第5章第1节进行详述,这里不再累述。

① 人文主义精神是指从具体文化过程中体现出来的追求人生意义的理想态度,它区别于人文领域、人文学科和科学精神,具有民族性和历史性。见:刘晓卉,张福昌.传统中式家具中的人文主义精神.家具与室内装饰,2002,(1):52-54.

② 郑晓江、程林辉.中国人生精神.南宁:广西人民出版社,1998:9.

③ 指仁、义、礼、智、信。

④ 徐复观.中国艺术精神.上海:华东师范大学出版社,2001:9.

⑤ 金元浦,谭好哲,陆学明.中国文化概论.北京:首都师范大学出版社,2001:20.

此外,"仁"是一种人心的功能及境界,"仁"与"礼"息息相关。一方面,"礼由仁生";另一方面,"仁"把遵守奴隶或封建制度的"礼"作为内心自觉的要求。所以,中国家具中"仁"的思想可以更多地从中国礼制家具及家具的礼俗中去体察。

4.2.2 "礼"之制约

据《说文解字》:"礼,履也,所以事神致福也。"可见"礼"最早起源于原始宗教,是由原始宗教的祭祀礼仪发展而来的。中国素有"礼仪之邦"之称,礼仪自古以来在中国的社会、政治、经济及文化生活中就占有非常重要的地位。正如法国学者加略利所说:"礼是中国人一切心理的缩影;在我看来,《礼记》是中国人能为其他民族提供的关于他们本民族的最确切最完整的专论。中国人的情感,如果有的话,是靠礼来满足的;中国人的责任,也靠礼来完成;中国人的美感和不足,也是参照礼而得出的;人与人之间的自然关系基本上靠礼来维系——一言以蔽之,对中国人来说,礼是道德、政治和宗教的化身,同家庭、社会和宗教有着多种多样的联系。"①

中国传统礼制观念对中国家具的影响与支配无疑是较大的。因为家具本身也是生活方式的缩影,中国人受"礼"观念在心理、情感、责任、审美及道德等方面的影响,无疑决定了家具本身的形制及种类。具体而言可以表现为两个层面:一个层面,"礼"观念直接导致了一系列"礼"要求下"礼仪"家具的产生。另一个层面,"礼"观念直接或间接影响家具的设计行为,使得家具造型及装饰等方面受到礼的制约与支配。

① (法)加略利. 中国总论,转引于(美)明恩溥. 中国人的素质. 秦悦译. 上海:学林出版社,2000:149 - 150.

(1)礼仪家具

中国社会主要是靠礼制来维持社会的秩序与稳定的。在这种思想的演绎之下,家具不单是人们日常生活中不可缺少的器具,同时也成为一种等级、名分、地位及权力的象征与标志。可以说它是一种礼器,与当时尊卑有序、等级分明的宗法制度融为一体,上升为统治阶级的上层建筑,制约着整个社会的经济基础。早期家具的礼仪文化可以很明显地从中国坐具、卧具、承具、屏具等家具的始祖中非常清晰地体察到。

就坐卧类家具而言,从早期席的形状、大小、规格、种类、布置及使用等方面,古时就有着非常严格而规范的仪礼规定,成为统治阶级维护其皇权地位不可侵犯的手段,这在第 3 章"席地起居"部分已详述。后来出现了"床"、"榻"等家具后,礼仪制度也决定了中国家具上下几千年矮坐家具的"坐榻"礼俗及"床榻"形制。像坐榻是否设有屏风、床榻的雕饰是否精美以及形体的大小等方面直接反映出使用者或主人的地位尊卑。

在承具类家具中,几、俎是后来桌案之始祖。透过它们早期的承放之用外,可以看出它们还肩负着礼仪的功能。"几"常为尊者而设以作凭靠之用,从其使用可以看出长幼之分。如《三才图会》就记载:"几,所以安身也,故加诸老者,而少者不及焉。"古时"几"还有玉几、雕几、彤几、漆几、素几五种,从其材质规定可以看出使用者或主人的地位尊卑。另外,就"俎"而言,"俎"作为一种祭祀用的礼器,俎上所载的牲肉就有等级和贵贱之别,如《礼记·祭统》中所载:"凡为俎者,以骨为主。骨有贵贱。殷人贵髀(音婢)。周人贵肩。凡前贵于后。"在"俎"使用的数量上，也可以从数量的多寡看出主人的等级与身份，一般多者为尊、少者为卑，像《仪礼·公食大夫礼》中明确规定："上大夫八豆、八簋、六铏、九俎、鱼腊皆二俎。"贾公彦补充说："下大夫六豆、七俎。"①

在庋具类家具中，禁和棜是后来箱、橱、柜等家具的始祖。但它们早期是以礼器的功用出现的，并且是一般的礼器，使用者地位相对低下，天子与诸侯是不用的。在《礼记·礼器》就有这样的记载："有以下为贵者……天子、诸侯之尊废禁，大夫、士棜禁。此以下为贵也。"②

古时的屏风，在商周时期，几乎是帝王的专用品，是一种至高无上的权力与地位的象征。在《礼记》、《周礼》中就有着许多关于"斧依（即屏风）"的记载，如《礼记·明堂位》中就有："天子负斧依，南乡而立。"秦汉以后，屏风的装饰性及实用性被人们所重视，其设置出现于普通士族家中，不再仅限于帝王使用，但统治阶级为了显示其地位与权势，仍在屏风的制造上费尽心机。《盐铁论》中就有"一屏风就万人之功"的记载。耗费上万人的人力、物力与财力仅仅是为了制作一个屏风，可以看出屏风在统治阶级中的特殊地位与象征。

总之，中国早期的"礼仪家具"盛于商周时期。尽管随着周朝的灭亡，礼崩乐坏，但中国古文化中的礼仪并未随着奴隶社会的灭亡而消亡，它深深地扎根于中华民族的传统观念之中。后世的皇宫宝座与供桌等家具，既是皇权或神权的象征与代表，实际上又是古代礼仪文化在家具中的传承与变异。

（2）施礼之道

"夫礼，天之经也，地之义也，民之行也"（《左传》

① 胡文彦，于淑岩．中国家具文化．石家庄：河北美术出版社，2002：4-9.

② 胡文彦，于淑岩．中国家具文化．石家庄：河北美术出版社，2002：15.

昭公二十五年)。礼是调整人们社会生活的最高准则,它不单单是统治阶级用来修身治人的主要工具,还是人们衣食住行的约束规范。在这样一种"礼"观念的制约下,中国古代家具工匠们深得其理,通过家具阐释了中国人特有的用礼原则(图 4-2)。

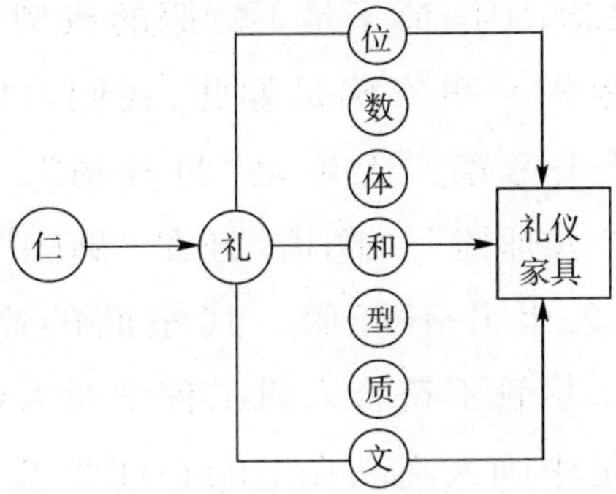

图 4-2　中国仁礼家具的形成

其一,数的约定。《礼记》中就说:"礼有以多为贵者,天子七庙、诸侯五、大夫三、士一。"可见数量的多寡成为封建社会等级高低的一种方式。数在中国特有的等级观念,一方面影响家具的陈设,如"天子之席五重,诸侯之席三重,大夫再重。……此以多为贵也"(《礼记》)。古时席的多重设置被纳入"礼"的规范;另一方面影响家具的组合配套,如在会客交友的厅堂室内中,不管会不会有人来,古时对椅子、茶几等家具配套都要求达到一定的数量,否则就认为不合规矩、不合礼仪[①]。

其二,体的约定。中国传统家具,可以通过形体的大小来反映"礼制"的要求,一般地位较高者,为显示其富贵及威严,常常在家具的形制上做得非常庞大。皇宫宝座是其典型代表之一,它是将古时的床与榻后竖立的屏风相结合的产物,虽是坐具却脱离了椅子的结构,摆脱了椅子的形式,很难想象坐在这样的

① 柏德元,潘嘉来. 中国传统家具. 北京:人民美术出版社,2005:64-65.

椅子上有舒适可言。但其气势圣高无比,应是世界上最具威严气势的家具,是封建皇权与地位的象征符号。

其三,型的约定。中国人对礼的刻意要求常常制约其造型的尺度与形式,美国学者明恩溥认为,按照西方人的观念,中国椅子是不舒服的典型,座位高,靠背直,十分呆板。[①]事实确是如此,我们可以从传统家具中的椅子去考察。无论是“灯挂椅”、“官帽椅”、“玫瑰椅”、“太师椅”、“圈椅”还是“御座”,坐起来虽然省力,但久坐并不舒服。其座面的高度大都是50cm以上[②],尽管不符合人机工程学对人体舒适性的要求,但满足中国人高高在上的心理要求。另一方面靠背与座面呈90°直角[③],这是适应“正襟危坐”礼仪的要求,也是符合中华民族文化精神和审美意识的一种美的姿态。[④]可见,中国人对“礼”的追求甚至可以以牺牲舒适性为代价。此外,从椅凳的形制与品类也可以看出等级之分。最高等级的应属古时帝与后使用的宝座和金玉椅;其次是家中主人或贵宾来访才使用的太师椅(交椅);普通人使用的只能是圈椅或凳子。

其四,质的约定。中国家具在材质的选定方面也存在等级礼仪之分。一般把质优工精者列为高等级,质劣工粗者列为低等级。宫廷使用硬木家具,而民间使用柴木家具。富贵豪门之家对家具造材及工艺非常讲究,有时为了显示其身份及地位,常常耗费大量的人力、物力、财力,在家具制作上极其挥霍,尤其反映在屏风及御座等家具上。

其五,文的约定。《礼记》中记载:“礼有以文为贵者,天子龙衮,诸侯黼,大夫黻,士玄衣纁裳。……

① (美)明恩溥. 中国人的素质. 秦悦译. 上海:学林出版社,2000:114-115.

② 按照现代人机工程学的观点,休息安乐椅最佳尺寸为38-45cm,工作椅最佳尺寸为43-50cm。见:丁玉兰. 人机工程学. 北京:北京理工大学出版社,1992:254.

③ 按照现代人机工程学的观点,应为103°-112°。见:丁玉兰. 人机工程学. 北京:北京理工大学出版社,1992:257.

④ 朱增华,陈文化. 技术美学概论. 长沙:中南大学出版社,1994:308-309.

此以文为贵也。”说的是天子的礼服用龙纹，诸侯的礼服用白色半黑的花纹，大夫的礼服用半青半黑的花纹，士的礼服用黑色上衣服和浅红色的下裳[1]。古时对家具装饰纹样、题材及风格等方面也折射出许多礼仪之约。像龙纹多刻于宫廷及皇族使用的家具之上，皇宫贵族家具一般装饰上要求繁琐精致以求富丽堂皇之感，而民间家具则显朴实无华之美。此外就漆饰家具而言，最初是出于对木材保护的需要，但使表面装饰成为一种制度或约定，则象征社会地位，维护了伦理制度。

① 侯幼彬.中国建筑美学.哈尔滨：黑龙江科学技术出版社，2000：168.

其六，位的约定。东汉王充在《论衡·诘术》中认为：“门有宜向，向得其宜，富贵吉昌，向失其宜，贫贱衰耗。”[2]可见在古代住宅中方位的重要性。中国住宅内道貌岸然，对于家具而言，从古时席的设立、床榻的放置，到后来厅堂家具的布局，都充分反映了中国家具是按礼仪伦理制度在行事。一方面，家具位置摆放极为讲究，形成了强烈的“择中”意识。如《荀子·大略》中就说：“王者必居天下之中，礼也。”另一方面，家具方位的选择也有严格的限定。“室中以东向为尊，堂上以南向为尊”（《礼经释例》）。像太和殿上的宝座居中南向，属于堂上的尊位，充分反映了布置者对“位”的精心设计，是与其礼仪观相符的。

② 高友谦.中国风水文化.北京：团结出版社，2005：65.

其七，和的约定。前一节已经讲了“二人”关系和合下可以衍生出“仁”。其实中国人的用礼之道最终也体现在一个“和”字上。《学而·论语》中就认为：“礼之用，和为贵，先王之道斯为美。”礼是调节人们和谐生活的准则，追求一种和谐之美，也形成了中国家具特有的设计观。一方面，家具造型强调均衡、对称，给人以稳定平和之感；另一方面，家具配置井然有序，往往以成双配对的形式出现，从造制与配置上都体现出中国人特有的整体和谐观。

4.3 入乡随俗

一个民族的习俗是一个复杂的整体，在一个民族的生活中，饮食、衣着、居处、礼仪、节日、婚姻、丧葬等方面都能融合进出。（威廉·A·哈维兰[美]）

文化有精致文化和俗文化之分。艺术属于精致文化，而一个民族的风俗习惯则属于俗文化的主体。在俗文化的影响之下，以流行于民间未受教育阶层的品位为基础的民俗家具文化也是中国传统家具民族文化的重要组成部分。透过中国民俗家具的乡土人情及质朴乡风，可以领略到中国人特有的民族风情。

4.3.1 乡土人情

任何一个民族在其文化发展中，代表广大平民百姓的习俗文化无疑最能表达一个民族个性的范畴。每个民族在其长期发展之中都会形成各自特殊的风俗习惯或习俗，这些习俗包括服饰形式、家庭或社会生活方式等，“被传统巩固着，从时间的流传中变成神圣，从一族传至一族，从一代传到一代，正像后代继承着祖先一样，它们构成一个民族的风貌。”[①]

每个民族的习俗与家具的关系非常密切。民俗事象活动中离不开家具，家具由此也已不再是一件单纯的生活器具，而成为一个民族习俗文化的反映。同时作为民俗家具，应是一个民族习俗的物化形式，是由民众所创造、享用和传承的习俗文化支配下的具体

① 赵琳. 魏晋南北朝室内环境艺术研究. 南京：东南大学出版社，2005:153.

物质产物。在中国,除了统治阶级使用的宫廷家具外,自古以来,民间使用的家具,始终保持着优秀的民俗传统和新风尚的民族意识,因极少受到外来文化的影响而独具一格,形成了中国家具一种特有的艺术品位与风格,也体现了中国人浓厚的乡土人情。

俗话说:"十里不同风,百里不同俗。"地域辽阔广大的中国,由于地形、地貌、气候方面的差异性,加上中国本土50多个民族各自风土人情的独特性,形成了丰富多彩的民族民俗事象,也形成了不同地域独具个性的家具取向。像在北方地区,由于天气较冷,家家户户都设有炕床,人们吃饭、聊天、会客、日常劳作和睡觉等都在炕上进行,形成了以炕为中心的生活方式,因而当地的民俗家具就有以炕为中心的炕桌、矮柜等家具系列。像在徽州各地的民俗之家,由于当地外出经商的人[①]较多,经营有成之后,纷纷回家大兴土木,可谓"贸迁有成,广兴栋宇"。家家户户堂屋的太师壁前长长的条案上,左端设放一只瓷瓶,右边陈设一面插屏,叫做镜,起初是大理石的,后来被水银玻璃镜所代替。一瓶一镜,谐音"平"和"靖",从中寄托着家人对远出亲人的平安之愿。[②]这种家具陈设传统至今仍在当地保存着,笔者2006年10月份去江西婺源,在一个百姓之家就见到了如此摆设(图4-3)。在这里,家具似乎不仅仅是家用之物,同时还表达了一种象征之意,体现出中华民族特有的思维方式和价值取向,隐含着浓厚的民族感情和心理。

管子曰:"不暮古,不留今,与时变,与俗化。"家具与民族习俗息息相关。中华民族在几千年的文明发展史中,积累了丰富多彩的风俗习惯,仅汉族的节日、婚娶、寿诞、祭祀等风俗就可谓浩若烟海,难以言

① 徽州外出经商之人被称为徽商。

② 陈志华. 北窗杂记. 郑州:河南科学技术出版社,2004:136.

图 4－3　江西婺源一百姓家厅堂的家具摆设

尽。家具在这些习俗活动中，始终承载着民俗的内容、民族的感情及人们的愿望。就桌案而言，透过除夕夜的祖宗桌和团圆饭桌、元宵节的观灯桌、清明节的祭桌、端午节的观宴桌、七夕夜的乞巧桌、中秋节的祭月和赏月桌、重阳节的登高宴桌等[①]，形形色色的桌案香几，充分反映了在中华民族的心目中对传统节日风俗的重视和对祖辈师长的尊敬，寄托着中华儿女慎终追远的浓浓盛情和吉祥团圆的殷殷期望。

任何习俗都是"人相习，代相传"（《三字经》）的东西，没有传承和世袭，就没有习俗存在的可能。家具设计的民族性具有传承性的特点，在民俗家具中同样如此。在中国过去的农村社会里，家具往往是一代传一代的祖传财产，一方面人们成家后从父辈那里分家后得到，另一方面由结婚陪嫁而来的，像梳妆台通常是必不可少的一种嫁妆家具。人们把家传的箱、柜、床等家具放在睡处，既当家产，也作祭拜，小心呵护。每逢家族内举行婚聚礼式，家具充当一种礼仪的必备品，被派上了新用场。如果是媳妇进门，家具成了祭仪的用品；如果是女儿出嫁，家具则是陪嫁品。

① 胡文彦，于淑岩. 中国家具文化. 石家庄：河北美术出版社，2002：43－59.

尽管这种风俗习惯如今因生活水平的提高而瓦解，人们成家立业后，家具不再是从祖辈那里传承而来的，而是花钱购来或重新添置的，但这样一来也就缺少了一种灵力，失去了往日家具传承中所蕴涵的浓浓亲情和骨肉情缘。

4.3.2 质朴乡风

民俗家具作为民族习俗生活中不可缺少的一种载体，应是一个地区人们在长期生活中对民俗文化的体现，从其身上可以读到大量的历史、人文、艺术和民俗等文化信息。这种文化沉淀不是一朝一夕之事，而是历经多年渐渐形成的。从文化的角度看，民俗家具已超越了其自身的使用功能与价值，而被赋予文化的象征与载体，用以展现一个民族独特的思维方式、道德观念、生活取向及心路历程。[①]中国民俗文化对民俗家具的影响是巨大的，无论是家具的造型和装饰，还是功能和组合形式，都深深蒙上了一层中国特有的文化情结和质朴乡风(图4－4)。

① 刘立承.从"越乡婚俗馆"看中国传统婚礼家具.装饰，2006，160(8)：35.

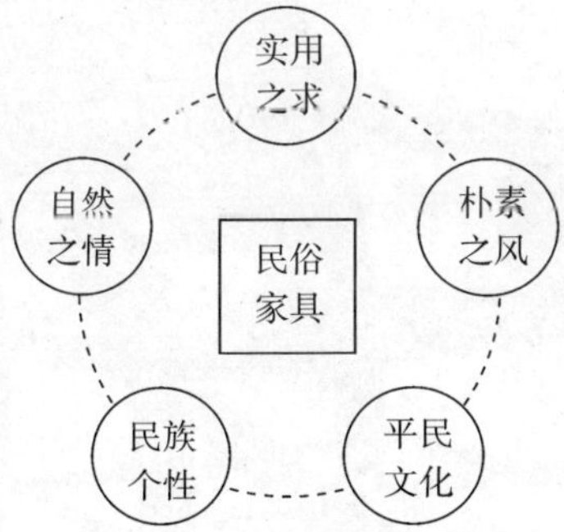

图4－4 中国民俗家具的特性

其一，中国民俗家具深含向往美好生活的朴素之风。民俗家具是劳动人民生活方式和意识形式的外延。形式上，与宫廷家具的繁重装饰和富丽堂皇相比，中国民俗家具追求一种近似原始的样态和自然木纹，所反映的是朴实无华的简洁之美。选材上，通常选用那种便宜的材料，即方便而且容易得到的天然木材、竹材、藤材等，创造出融于生活且比一般物品更具感性及情感化的家用器具。装饰上，民间工匠们将劳动人民的美好愿望与自然界的万物相结合，家具装饰题材大都取材于大自然的万事万物，花鸟虫鱼、山水树木常常是民俗家具装饰中永恒的主题，充分展现了天然而纯朴的设计遐想。图4－5是一宁波民间摇椅，利用木材做框架，藤材作座面及靠背，木材纹理的粗犷与藤条编织花纹的细腻之对比，扶手的弯曲与椅足下部的弧形木轨之呼应，充分体现了造型与功能的完美结合，以及朴素无华的造型之美。

图4－5　民间摇椅

其二，中国民俗家具表达一种淡雅的自然之情。中国习俗讲求“顺其自然”，在建筑与园林设计中是如此，民俗家具中更是如此。前面所讲的民俗家具的取材与装饰都是从自然界中获取的，这是受中国传统思想中“崇尚自然”、“师法自然”的影响所致。事实上，越是乡村，越是偏远的山村，由于种种原因，人们征服自然、改造自然的能力相对薄弱，使得人们更多地依赖于自然，更多地贴近于自然。正是这种原因，使得民俗家具中的自然气息相对于士族文人或宫廷贵族的家具而言，常常表现得更为具体、更为原始、更为贴切。家具上的每一根线条，每幅图案都蕴含着民俗文化的自然之缘。

其三，中国民俗家具展现一种生活用品的实用之求。自古以来中国人做人讲究实在，造物讲求实用。清代李渔就认为：“凡人制物，务使人人可备，家家可用”(《闲情偶寄》)[①]。民俗家具对于生活尚不太富裕的乡村来说，其首要的任务便是满足人们最基本的生活需要，“简易、实用、经济”通常是其设计中最基本的原则。同时在中国民间，劳动人民的生产、生活实践活动丰富多样，不同地区的人民生活事因的多样性使得中国民俗家具千姿百态，但其形制相对宫廷家具来说要小一些。任何乡村中的坐椅板凳相对宫廷中的玉椅龙座来说，座面高度要低矮一些，座宽与座深及靠背的尺寸也要小得多，尽管失去了御座那种威严之势，但更加体现了劳动人民的实用之求。

就具体的实用功能而言，中国民俗家具体现的是两种截然不同的形式。一方面，人们制作家具功能非常专一，形态非常单纯，但品类却复杂多样。拿坐具来说，小板凳、板凳、条凳、马扎、坐墩、独脚凳、扶手

① (清)李渔. 闲情偶寄. 民辉译. 长沙：岳麓书社，2000：403.

椅、靠背椅等形式的多样化及功能的专一化，充分反映了劳动人们在家具制作中“事因物缘”，围绕不同的坐姿方式的需要，设计并制作了与之相匹配的专一功能性坐具。另一方面，在民俗家具中，中国人出于生产、生活的需要，针对不同的使用要求，非常巧妙地设计了不少多种功能结合的家具形式。家具功能的多样性就具体的表现手法而言，通常有功能的叠加及功能的拓展两种[①]。功能的叠加是多种功能在同一家具上的物化与实现，就是说某个家具除了其基本的功能之外，还兼具其他之用。像《闲情偶寄》中所记的“暖椅”（图 4－6）就是同时考虑围坐与取暖两种功

① 胡鹏，张福昌. 浅论中国民俗家具的家具. 江南大学学报，2003，(3)：91－94.

图 4－6　暖椅

能。“一物而充数物之用，所利于人者，不止御寒而已也。”[②]在宁波与山东都有一种楼梯椅（图 4－7），也是一种叠加功能呈现的典型家具，正放可作椅子，反过来倒放可作梯子。在民间，这种叠加性的功能家具还有很多，这里不便一一列举。功能的拓展是指同一家具在现有功能基础上的扩展与延伸。像乡村的餐桌，桌面做成活动式的，平时人少时使用方形，每逢喜庆

② （清）李渔. 闲情偶寄. 民辉译. 长沙：岳麓书社，2000：407－408.

节日人多之时，可将四方桌面四周的弧形板掀起拼成一个大圆桌，满足了多人聚餐的生活所需以及团圆热闹的中国传统所求。不管是多功能家具还是专一性

图 4－7　楼梯椅

家具，从中国民俗家具功能多样化与专一化的演变与实现中，我们更多地应欣赏中国民间工匠的巧妙构思与独创，为节省材料、节约空间，他们挖空心思、独具匠心，设计了不少流传后世的典型范例。透过他们的作品，我们会发现现代设计的功能主义思想在中国民俗家具中早有体现，如"功能至上"、"功能决定形式"、"同一功能（或功能的多样化）有不同的形式来表现"等理念。

其四，中国民俗家具呈现一种多民族千姿百态的

个性之缘。在中国民间,以汉族为主的不同民族之间由于其生活爱好与习俗的不同,也造成了家具造型与装饰风格的差异。尤其是装饰色彩方面,少数民族从服饰到各种生活用具,大多喜欢鲜艳而纯亮的色彩。图4－8是云南纳西族南官帽椅,椅体为黑色,其扶手为黄色兽雕,绿色的草纹装饰与红色桃花的点缀,红、绿、黄、黑等四种颜色的搭配与强烈对比,形成了当地人们对色彩的一种特有认识与喜爱,也赋予了家具强烈的民族个性。

图4－8 云南纳西族南官帽椅

其五,中国民俗家具体现一种平民文化的审美观。美国人明恩溥在《中国人的素质》中曾列举了中国人"二十六条"素质[①]。中国人省吃俭用、恪守礼节、辛勤劳作、面子要紧、缺乏公共精神、因循守旧、漠视舒适等平民性格,深深地影响民俗家具的形式与形

① 参见:(美)明恩溥.中国人的素质.秦悦译.上海:学林出版社,2000.

制。中国人为了"面子"和"礼节"可以牺牲坐具的舒适性,但在民间,相对皇宫官府而言,自然少了不少等级及礼仪规矩的限制。这样一来,民间工匠们可以随心所欲地将其"匠心"独运到每件家具上,因而民间家具很少雷同,创新之处随处可见,装饰手法新颖别致。同时,受中国传统儒文化的影响,在天人合一、整体平衡的思维意识支配下,特别是明朝中后期文人广泛参与民间家具设计,使得民俗家具中更多地渗透着一种"以人为本"的设计观以及"自然"、"朴雅"和"精丽"的审美观。

4.4 诗意人性

"诗者,天地之心,君祖之德,百福之宗,万物之声也"(《诗纬·含神雾》)。[①]由此可见,诗在中国人心中的地位与分量。中国文化是诗性的文化,一切艺术的根子都扎在诗中。中国家具与中国诗画有着千丝万缕的联系,翻开中国诗词画卷,处处可见家具的踪迹。同时,在中国家具中也常常能体察到诗画的烙印和诗意的表达。另外,"诗为天人之合"、"诗品出于人品"(清·刘熙载《艺概》)[②],中国的诗性文化也体现了人本主义思想,人为世间一切事物的根本,这种理念也深深隐含在中国家具的造物活动中。

① 冯友兰.中国哲学史(下).上海:华东师范大学出版社,2005:53.

② 邓牛顿.中华美学感悟录.北京:社会科学文献出版社,1999:7.

4.4.1 诗意解读

——诗,可以兴,可以观,可以养,可以怨。(孔子《论语·阳货》)

旅居加拿大的中国油画家刘溢指出:"英语是实用的语言,而汉语是诗的语言。唐诗宋词不提,就连

① 刘溢. 绘画:人类自爱自强的最真实信物. 中国艺术,2004,(3):44-45.

② (德)海德格尔. 海德格尔选集(下). 孙周兴编. 上海:上海三联书社,1996:953.

百姓家门口的对联,也是任何语言都写不出的规矩文字。"[①]孔子也认为:"不学诗,无以言"(《论语·季氏》)。诚然,从创造了汉字及汉语那一刻起,汉文字其本身"形意相通"之属性赋予了中国人特有的诗性。题诗作画成为中国文人与贵族人之皆有的雅兴及爱好,同时这种"诗意的东西贯通一切艺术,贯通每一种对进入美之中的本质现身的解蔽"[②]。

诗与家具常常血脉相通。一方面诗由家具而感,家具是诗人遣兴抒怀的对象,诚如《孔雀东南飞》就有"移我琉璃榻,出置前窗下"的记载。另一方面,家具是文人学士状物抒情的园地,体现一种诗情的传达和诗境的营造。可以说,中国的诗性文化对家具的影响是较大的。其影响有时明显,有时含蓄;有时直接,有时间接。概略来讲,往往表达出如下一些方式(图4-9)。

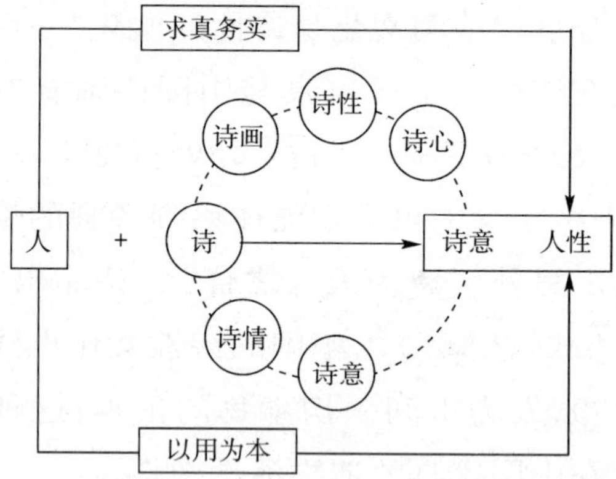

图4-9 中国家具的诗性解读

其一,诗画直接应用于家具之中。中国诗与画相互交融,"诗中有画,画中有诗"(宋·苏轼),二者常常直接应用于家具的装点雕饰之中。古代诗人常触景生情,由物而感,生活中息息相关的床屏几案常常成为诗人无尽灵感的源泉,也是诗情画意表现的载体。尤其是屏风，常常是诗人们抒发胸臆的天地，中国诗文特有的龙飞凤舞的书法之美，中国画独特的诗情画意，在屏风（图4－10）上处处可见。像宋代文豪苏东坡非常喜欢宋太宗时期文人潘阆颂赞杭州美景

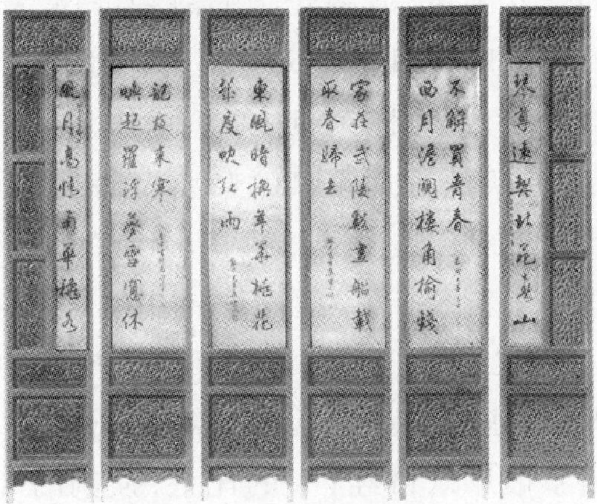

图4－10　龙纹诗屏

的填词《忆余杭》，就将这些填词写在屏风上，一时成为佳话。《古今诗话》中就有记载："东坡爱之，书之于玉堂屏风。石曼卿画工绘之作图。"[1]又如南京博物馆珍藏着一件明代万历年间的老花梨书桌，其一条腿上刻有"材美而坚，工朴而妍，假尔为冯（凭），逸我百年"的诗文[2]，浓浓的诗句中孕育着深厚的文化底蕴和内涵。

其二，诗性思维促进了家具的创新。西方哲学家亚里士多德曾将诗学称之为创造的科学[3]。诚然，诗性的迷狂是艺术，艺术的魅力在于创新。诗人在创作中必然要运用空想或创造的想象，这种想象常常介于日常直觉和思维之间，形成诗人特有的一种思维与观念。在中国诗文化的长期影响下，中国人的诗性思维具有一种观念功能，"诗的观念功能，可以称为制造思

① 于伸．木样年华——中国古代家具．天津：百花文艺出版社，2006：113．

② 刘菁菁．明式家具的文人气息及艺术价值．美术大观，2005，(10)：72－73．

③ 易中天．易中天谈美学．上海：复旦大学出版社，2006：129．

维的功能，因为它带到我们眼前的不是抽象概念而是具体的现实事物”[①]。在诗的观念功能制约下，中国人在家具设计由概念到物化的过程中，充分展现了一种独特的诗意创造，无论是峰峦叠翠的山水屏风、斜倚玉窗的仕女屏风、波澜壮阔的海图屏风，还是龙飞凤舞的书法屏风[②]，既是诗人情怀的吐露，又是家具形式的创新。尤其是明代中期以后，由于文人直接参与家具设计，造就了明式家具的鼎盛及辉煌，也充分证明了诗性思维对创造力的挖掘，以及对家具形制及其艺术形式的创新起了不可磨灭的作用。

其三，诗心促成了家具设计对自然的向往与追求。诗者，天地之心。诗的创造离不开自然，诗与自然发生关系很早，《诗经》中的比兴，强调的即是诗与自然的关系。前一章所述的中国造物活动的比类取象思维，实际上也与诗的“比兴”方法相近，其灵感都来源于自然。鉴于此，我们就不难理解中国家具一贯以来追求一种自然之美的缘由，无论是选材，还是形式、工艺以及品鉴都以自然为旨。尤其是在明式家具的设计中，强调自然木纹的材质，不施油漆的工艺，顺其自然的形态以及尚古朴而反对雕镂、追求自然天成的至善至美观，真正体现了明代计成所说的“虽由人作，宛自天开”(《园冶》)[③]之感觉。

其四，诗情造成了家具中情趣的舒展。“诗是心感于物的结果。有见于物为意象，有感于心为情趣。”[④]题诗作画少不了情趣，文人雅士常常将其情趣寓于家具之中。他们由家具而生灵感留下了不少家具诗作，赋予家具作品一种独特的文化性。有关家具的诗坛佳话非常多，像唐代诗人李白的《静夜思》抒发了游子思乡的共同心声。诗人白居易在《琴》中

① (德)黑格尔. 美学(第三卷下册). 朱光潜译. 北京：商务印书馆，1997:57.

② 胡文彦，于淑岩. 中国家具文化. 石家庄：河北美术出版社，2002:160.

③ 明代计成是用来形容园林的，笔者认为用在家具上也恰如其分。见：[明]计成. 园冶图说. 赵农注释. 济南：山东画报出版社，2003:37.

④ 朱光潜. 无言之美. 北京：北京大学出版社，2006:153.

说："置琴曲几上，慵坐但舍情。何须故挥弄，风弦自有声。"[①]借家具形象勾画了浓厚的生活趣味。另一方面，我们透过明清时期的家具，尤其是江南一带园林建筑中的家具，不仅可以轻松领略到江南文人颂扬"文木"、"文石"，寄情物质世界的天然之趣，而且可以从诗与家具的创造中品察一种书品、人品与物品相融的造物之情。

① 胡文彦，于淑岩．中国家具文化．石家庄：河北美术出版社，2002：157.

其五，诗意体现一种对韵味的重视。中国诗的命脉是节奏，其字文行句的节奏之美中隐含着一种韵律之美。在家具设计中，对韵味的追求也是营造诗境和抒发诗意的重要途径。尤为明式家具，由于文人对其工艺与制作的广泛参与，其淡淡的文人气息之中，洋溢着一种超逸优雅、生动和谐的韵味之咏。其简练通透的造型、自然朴素的纹理、光滑透亮的质感、韵律有序的结构、不施雕镂的装饰和优雅逸静的气度，很难抑制人们产生诗意的联想。家具物韵与诗情相互映发，诗与家具同构，将明式家具喻成"木质的诗篇"最为恰当。

4.4.2 人性阐释

——天地之性人为贵。（孔子）

"人，物也，万物之中有智慧者也"（王充《辨祟篇》）[②]。"人为万物之灵"（《天工天物》）[③]。中国传统文化的发展始终围绕着人，人为世间一切事物的根本，天地之间人为先。从先秦时代孔子的"未能事人，焉能事鬼"（《论语》），孟子的"民为贵"，管子的"人与天调，然后天地之美生"（《管子·五行篇》），到汉代贾谊所说的："闻之于政也，民无不为本也"（《新书

② 北京大学哲学系中国哲学教研室．中国哲学史．北京：北京大学出版社，2006：148.

③（明）宋应星．天工开物．见：奚传绩．设计艺术经典论著选读．南京：东南大学出版社，2006：42－49.

·大政上》),宋张载宣扬的"民胞物与",明朱熹所认为的"天下之务莫大于恤民"(《宋史·朱熹传》)[①]。自古至今,"人本主义"思想深深地扎根在中国人的哲学思辨之中。同时也孕育着中华民族在造物活动中特有的一种人文主义关怀。在家具设计中,这种思想具体表现在"以人为本"及"求真务实"两方面。

① 金元浦,谭好哲,陆学明.中国文化概论.北京:首都师范大学出版社,2001:161-163.

中国家具是以人为中心的造物文化,都是以人为中心设想出来的。"人事为本,天道为末"(汉仲长统),中国人围绕人"事"活动创造了功能各异、形态多样的家具,在家具的"事因物缘"一节中已有叙述。在家具设计中中国人注重以人为本,但对于"人性"的理解中西存在较大的分歧。西方强调科学理性地分析"人",把"人"当机器一样地分析、研究;而中国则不同,视人为性灵的整体,强调人的感情与意象,中国人的观念里,人是概念上的,而不是可做科学分析的人[②]。在这样一种人性主义思想的支配下,中国人往往把人情、人伦、人理置于实际功用之上,这种思想直接影响着中国家具的形制与造物,像本章第2节介绍的礼仪家具,家具形制上大多以直线为主,方方正正、端庄沉稳,中国人为了"仁礼"之道,可以放弃实用之求,可以牺牲舒适性。

② (台)汉宝德.中国建筑文化.北京:三联书店,2006:85.

当然,人本主义思想在中国家具中的体现除上述"仁礼至上"的要求之外,家具设计中还体现出一种对舒适使用的需求,适应人心理、生理上的满足。尤为明式家具这种思想表现得更为具体、直接。像明式家具中的四出头官帽椅及圈椅堪称这种设计理念的典范。这两款椅整体线条自然流畅,官帽椅扶手与搭脑尽头磨成圆头,圈椅后背与扶手一顺而下,给人带来了柔和温润之美感和心理之悦。另一方面,两椅弯曲的整板靠背与人体生理上"S"形曲线相匹配，即使借用现代人机工程学理性地去分析，其结构与人生理特征的吻合性也是非常科学的[①]，其舒适性不言而喻。尽管如此，在中国设计中，没有建立人机工程学或相关的理论与研究方法。由此看来，中国家具人本主义只是以人为中心的，是没有理论的家具。

"人之初，性最真"[②]。在中国人的造物观中，往往表现一种"求真"的至善至美，从儒家崇尚"自然的文化"到道家追求"人的自然化"，儒道互补[③]思想影响着几千年以来中国人的人生观。人们顺其自然、乐天知命、享受朴素的生活态度使得家具设计中有一股强烈的"求真"意识。一方面，"求真"表现为真情实感。尤其在民间家具中，"求真"理念表现得最为强烈、最为干脆。就地取材，不刻意装饰，式样上不随风，工匠们可以随心地把自己对生活的向往、对美的理解倾注于家具的制作上，从造型到结构充分展现了他们独特的技艺写照，无论是精巧还是笨拙，都是其个性的体现和内心情感的真实流露，充分展现了民间文化一种朴实、真情的特征。另一方面，"求真"表现为对自然的追求。明式家具不施油漆的自然纹理、装饰题材的自然纹样，以及源于自然的造型演变都充分反映了人们对自然的热爱。

此外，"求真"的人生观也促成了生活中的务实。中国人反对徒有虚名，务实的精神体现在家具设计中，则表现为"以用为本"的设计理念。自古以来，围绕"以用为本"的经典之句颇多[④]，如管子曰："百工不失其功"；墨子云："衣服节而肌肤和"；北齐刘昼认为："物有美恶，施用有宜"；宋欧阳修说："于物有用有宜，不计丑与妍"；清李渔也说："凡人制物，务使人

① 刘晓卉，张福昌. 传统中式家具中的人文主义精神，家具与室内装饰，2002(1)：52－54.

② (英)克莱夫·贝尔. 艺术. 薛华译. 南京：江苏教育出版社，2005：160.

③ 李泽厚. 华夏美学. 天津：天津社会科学出版社，2001：125－187.

④ 李砚祖. 造物之美. 北京：中国人民大学出版社，2000：46－47.

人可备,家家可用。”这些强调“为物致用”的思想一直深深影响几千年来的中国器物文化。在中国家具设计中,实用是工匠造物之首要宗旨,“造橱立柜,无他智巧,总以多容善纳为贵”(《闲情偶寄》)。从中国家具各个类型的发生缘由来看,桌椅案台、床几屏架、盒箱橱柜等家具无不是为人们生活需要所制。从中国家具的造型来看,围绕家具之事,“一事有一事之需,一物备一物之用”(《闲情偶寄》),中国家具的形制变化和千姿百态的造型是“形式适应于功用”的结果。从中国家具的装饰来看,汉代王符有“百工者,以致用本,以巧饰为末”[①]的著名论语,充分反映了中国古代的工艺思想观,除了清式家具,中国家具一直遵循着“功用第一,美饰其次”的审美观。总之,“以用为本”的思想是中国家具科学务实精神的反映,是中国人性求真意识的体现。

① 李砚祖.造物之美.北京:中国人民大学出版社,2000:46.

4.5 小　结

人既是家具设计的主体,又是家具设计的对象。前者指的是制器造物的工匠,后者指的是生活之人。中国家具之所以能产生,既离不开技艺精湛的能工巧匠,又不能离开有生活之求的皇宫贵族、文人雅士和平民百姓。

在中国家具的人缘建构中,体现的是一种求真的人性理想与价值观。具体表现在:①作为造器之人,中国工匠对家具的贡献有目共睹,尽管受到“重道轻器”文化思想的影响,工匠们地位不高、默默无闻,但求真务实的他们并没有放弃对技艺的完美追求,加上古代严格的工匠制度,是成就中国古代家具辉煌的主要原因之一。②中国素有“礼邦之国”之称，“仁礼”是人们生活的道德标准与行为规范，“仁礼”之道影响了数千年来中国家具的品类与形制。从中国的礼仪家具及家具的施礼之道中，可以读到中国家具对人性的体察。在中国人看来，家具不仅是人们生活的物质载体，更是人们生活的精神象征。③平民百姓是一个国家家具最广泛的受众。中国民俗家具是中国传统家具的重要组成部分，透过其设计与制作，可以更纯真地品察到中国家具的乡土人情及质朴乡风，并感受到民俗家具强烈而特有的朴素、自然、实用之求。④在中国家具的人性求真过程中，最典型的特征应是诗性的表露。诗性的文化个性决定了中国家具设计的诗意人性。诗画、诗性思维、诗心、诗情、诗意等品诗文化对中国家具的创造产生了较大的影响。

总之，“人之初，性最真”，透过中国家具的方方面面，可以较早地体察到一种“求真务实”、“以用为本”的人本主义思想。

第 5 章 中国家具之存在——生缘求善

5.1 天人合一

——天地人，万物之本也，天生之，地养之，人成之。（《繁露 · 立之神》）

西方文化是科学的，东方文化则是哲学的。在中国，早在先秦时代，就涌出了一大批哲学家与思想家，儒道思想影响了几千年来人们的观念与行为。在对待“天”与“人”之间关系问题上，“天人合一”观念在中国源远流长，自西周至明清的两三千年时间内，思想界除个别思想家（荀子、柳宗元、刘禹锡）持“天人相分”观念，大多数思想家或哲学家持“天人合一”观[1]。“天人合一”的哲学观对中国文化的影响是深远的，无论是绘画、建筑、雕塑，还是园林、家具，人们的每一种造物活动中都有“天人合一”的思想表达。在中国家具中，“天人合一”的哲学观也是形成中国典型东方特色的根源所在。

①蔡俊生，陈荷清，韩林德. 文化论. 北京：人民出版社，2003：284.

5.1.1 哲学思辨

——人们最精致、最珍贵和看不见的精髓都集中在哲学思想里。(马克思[德])

在看待天人关系的问题上,西方认为"天"与"人"之间有一道不可逾越的鸿沟,唯有中国主张"天人合一"。那么究竟中国人眼里的"天人合一"到底有什么具体的内容和表现形式呢?

《左传》曰:"天道远,人道迩,非所及也。何以知之?"要理解"天人合一"的哲学思想,首先必须了解何谓"天"。按照明代朱熹的理解,天有三义:一为"苍苍者",即自然之天;二为"主宰者",即神灵之天;三为"理",即义理之天(宇宙精神)。[①]哲学家冯友兰认为,在中国人心目中,天有五种意义:其一是物质之天,是与地相对而言;其二是主宰之天,即所谓的皇天上帝,有人格的天、帝;其三是运命之天,指人生中所无可奈何者,即孟子所谓的"若夫成功则天也"之"天";其四是自然之天,是指自然的运行;其五是义理之天,即宇宙的最高原理。[②]笔者认为两者并无实质差别,只是划分标准不同而已。

①蔡俊生,陈荷清,韩林德.文化论.北京:人民出版社,2003:274.

②冯友兰.中国哲学史(上).上海:华东师范大学出版社,2005:35.

"天人合一"作为中国传统哲学的一个基本思想与观念,远在先秦时代就已产生,围绕这个命题的论述颇多,例如:"天地与我并生,万物与我为一"(《庄子·齐物论》)、"尽心知性知天"(《孟子》)、"天人本无二,不必言合"(《正蒙·诚明篇》)、"天因人,圣人因天。人自生之,天地形之,圣人因而成之"(《国语·越语下》)、"天亦有喜怒之气,哀乐之心,与人相副。以类合之,天人一也"(董仲舒《繁露·阴阳史》)。尽管这些表述中有一定的分歧及针对性,但都传达了"天人合一"的理念。北宋张载在《正豪·乾称》中认为:儒者"因明致诚,因诚致明,故天人合一,致学而可以成圣,得天而未始遗人",第一次提到"天人合一",他是最早倡导将"天人合一"作为一个明确课题来研究的哲学家。[①]从哲学思想来看,中国的"天人合一"体现两个方面的含义:其一是人与神(包括主宰之天、运命之天)合一,其二是人与自然(包括物质之天、自然之天、义理之天)合一。在第一层含义中,中国人看待世界,不像西方宗教观中有一个"天国"与"人世"的对立。中国人认为,世界只有一个,并不看重另外一个"天国",因而中国人要求永生和不朽。西方的宗教在中国发展成了"伦理",中国人对待人生的"义务"观更重于"自由"观,常以义务与自由相融合,二者之合一,便是人性(自由)与天命(义务)之合一,即"天人合一"。在第二层含义中,便是对待人与自然的关系上,不像西方人那样主张征服自然,而是主张"小我"与"大自然"浑然一体,强调师法自然、道法自然,把人的精神消融于自然界之中,人与自然和谐地共存与演进,这便是"天(自然)人合一"。[②]

"天人合一"以上的两层意思,第一层含义影响的是中国人的人生观,第二层含义影响的是中国人的生活观。就中国造物活动而言,无疑受"天人合一"第二层意思的影响较第一层意思大。

就审美文化而言,"天人合一"对待自然的态度,直接导致了中西审美观的差异。西方美学从人与自然对立的观点出发,强调人的审美对客观世界的反映,强调艺术对生活美的再现;而中国美学则从天人合一观出发,强调审美过程中的物我同一,情景交融,

①金元浦,谭好哲,陆学明.中国文化概论.北京:首都师范大学出版社,2001:631.

②钱穆.中国文化史导论.北京:商务印书馆,2005:17-19.

强调抒发与宇宙一体。[①]如唐代张彦远“外师造化，中得心源”(《历代名画记》)的认识就充分反映了这一美学思想。

在“天人合一”审美文化的影响之下，中国人在其造物行为中也形成了一些特有的自然观。其一，“师法自然”。在认识自然的过程中，建立了与自然的亲和关系。强调美从自然来，赞赏自然美，主张从自然中获取灵感，以自然为依托，以玉比德，以水喻意，以花为媒，与松竹为友，与鸥鹭为盟，折柳相赠别，红豆寄相思……赋予自然以各种象征意义[②]。同时，强调与自然同生共化，坚持按自然的本来面目来营造生活，人们的造物活动要融于自然。其二，“道法自然”。人在创物活动中，确立了与自然的浑合关系。一方面，促进了“意象”的创造。中国人的“象”思维中，重视对事物的直觉和形象运用，其“比类取象”的特征离不开“自然之天”。“以象喻人，以形感人，以情动人，追求一种意象俱全，神形并重，鉴戒可观，怡情易性的审美和功能价值”[③]，这应是以“自然”为审美的最高境界。另一方面，化自然之理为造物之法。天理与艺理天然相通，紧密相连。疏密、曲直、方园、大小、浓淡等许多自然辩证形态与法则，都可以用作造物之道。此外，“道法自然”的最高境界是将造物艺术“通盘的人化或生命化”。从“天人合一”走向“天人融一”。诚如宋欧阳修所说：“天人之意，相与融洽”(《温庭筠严维诗》)。[④]

总之，“天人合一”思想是中国传统文化的基本精神，其对“自然”的认识与态度成就了几千年来中国人特有的审美观与造物观(图5-1)，并深深地影响中国家具设计的所作所为。与西方“主客二分”[⑤]

①蔡俊生，陈荷清，韩林德. 文化论. 北京：人民出版社，2003：285-286.

②邓牛顿. 中华美学感悟录. 北京：社会科学文献出版社，1999:6-8.

③胡潇. 文化的形上之思. 长沙：湖南美术出版社，2002:282.

④邓牛顿. 中华美学感悟录. 北京：社会科学文献出版社，1999:6-8.

⑤强调主体与客体的对立。见：李新柳. 东西方文化比较导论. 北京：高等教育出版社，2005:152-156.

的意识相比，中国走的是与自然过于亲和的方向，过分强调人对于自然的迎合，忽视了人征服自然、改造自然的能力，使得以“自然”为对象的科学未能有效顺利地发展[1]，导致中国从清末开始科学技术逐渐落后于西方世界。这正是“天人合一”思想的消极性所在。

[1] 徐复观. 中国艺术精神. 上海：华东师范大学出版社，2001：1.

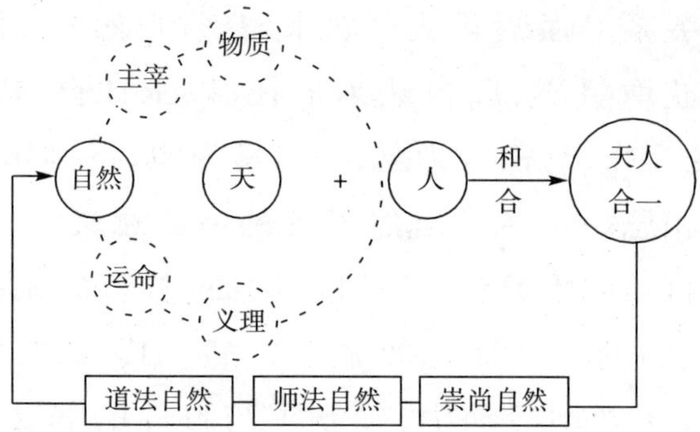

图 5－1　中国家具的天人合一

5.1.2　设计表达

中国思想上的“天人合一”孕育了人与自然和社会基本关系的认识体系，深刻地影响了中国古代文明，也深深植根于中国传统家具的方方面面。可以说，中国家具之所以自古以来能相对独立稳定地发展，形成与西方截然不同的东方体系，从设计哲学上讲，其原因主要是来自“天人合一”这一传统哲学观的影响与支配。几千来年，从建筑、绘画到园林，都是通过“崇尚自然”、“师法自然”、“道法自然”在美学、道学、人伦学、精神学和哲学上追求达到“天人合一”的最高境界。而对于家具而言，当然更是如此，对于人与家具之间的关系，设计的最高宗旨也是强调人与家具以及所在环境的功能满足与和谐一致，追求一种“天人合一”的造诣。具体而言，家具设计的“天人合一”思想主要体现在如下一些方面[1]：

其一，天人皆物，心物合一。古人云：“人，物也，万物之中有智慧者”（王充《辨祟篇》）。在古人看来，天与人都是物，形态尽管不同，本质则是一样的，两者无主次之分。在对待人性与物性的问题上也是如此。在家具设计中，一方面，人类的“匠心”，要求挖掘材料本身之属性，从家具自性上寻求工艺之美，以追求中庸上所说的“尽物性”；另一方面，要求从人性的角度去创造家具，使之“尽人性”。物性与人性相悦而解，相得益彰，使家具达到一个理想的境界。像中国民俗家具中，工匠们因材取形、因材致用，无论家具是精巧还是笨拙，都是工匠们内心世界的真实写照与材料质感的真实反映，是“尽物性”与“尽人性”相结合的产物。

其二，顺应自然，人效法天。“凡工人之作器物，犹天地之造化”（《髹饰录·乾集》）。工匠制作一件器物，就像记录自然的恩惠一样，是天地造化的结果。在得天独厚的中国确实独享了许多自然恩惠。“山川自然之情，造化之妙，非人力所能为”（《葬经翼》），古人基于长期的“比类取象”思维，形成了崇尚自然、师法自然的审美观。“工不曰人而曰天，务全其自然之势”，“因其自然之性”（《管氏地理指蒙》），“虽由人作，宛自天开”（《园冶》）等古代思想深深地隐含在建筑及造园设计行为之中[2]。受之影响，中国家具设计中也更多地表达了一种对自然的喜爱，并渐渐形成了一种崇尚“自然天成”的审美认识。“清新、自然、朴实、不饰雕饰而浑然天成”的家具风格，成为许多家具制作者苦心追求的最高境界。中国家具的自然情结尤为在明式家具上有深刻反映。像采用硬质木料做

①亢亮，亢羽. 风水与建筑. 天津：百花文艺出版社，1999：224.

②亢亮，亢羽. 风水与建筑. 天津：百花文艺出版社，1999：223.

家具，木材坚硬致密而富有弹性的自然质感，幽雅沉着的自然色泽，瑰丽华美的自然木纹，这些自然的“物性”与能工巧匠的独具“匠心”相结合，使家具充分演绎到了一种“自然天成、天作之合”之感觉。

其三，天地并生，载道相宜。“天地并生”取自于“天地与我并生”（庄子），从中反映了“天人合一”的环境整合观。《皇帝宅经》曰：“人因宅而立，宅因人得存，人宅相扶，感通天地，故不可独信命也。”古人对人与建筑的关系尚有如此看法，更不必说，室中人们经常使用的家具与人之间的关系了。家具作为室内环境整体不可缺少的一部分，古时历来就有家具配套使用与陈设的惯例，具体情形将在本章第3节细叙。此外，中国“天人合一”的最高追求是一种对道的理解，对天之义理的认识。《周易·说卦传》中说：“载天地之道，相天地之宜”，“载道相宜”表明了中国人“道法自然、因地制宜[①]”的一种造物观。在中国传统家具中，在装饰上，从自然中获取、抽象、变形、夸张，将各种自然之道倾注于家具图案与纹饰中，追求这种“神似而形不似”的造物观是“天人合一”自然之道的本质所在。“因地制宜”实际上也反映了设计中的整体思维意识，前已所述。

①始见于汉·赵晔《吴越春秋·阖闾内传》：“夫筑城郭，立仓库，因地制宜，岂有天气之数以威邻国者乎？”

其四，天人调谐，以和为美。“天人合一”思想中对待自然的态度，是使人与自然和谐相处，追求人与自然的和谐统一。在家具设计中，我们可以分两个方面来看待这个问题：一方面，“天”之自然属性决定了家具设计中要崇尚自然、亲和自然，形成一种“效法自然”的设计理念。另一方面，从家具的主体——“人”的角度去理解，中国人固有的“物以致用”观是“以人为本”设计理念的体现。“天人调谐”的思想，使得中国家具既极重“自然”又极重“实用”，将两者调和起来，融成一片，也成为中国家具设计的理想所求。像明式家具就充分展现了“自然”与“实用”的结合，规矩的造型呈现自然之趣，生机盎然。但同时作为家中之物，是人们的日常起居中不可缺少的实用之物。此外，在这种“天人调谐”观影响下，中国家具走向了一种“以和为美”的价值取向。这种“和美”不仅体现在“自然”与“实用”之合上，也体现在具体的造型与装饰的处理方法上。就拿明式家具中的圈椅来说，四腿支撑下的长方形座面与轭状优美曲线的椅圈，是整体造型的主调，其他构件都是与之相呼应、相衬托的：靠背及镰把棍的大曲率线型与椅圈相呼应；椅腿的直线与椅圈的曲线相对比；以靠背板上的如意团花为中心，又把靠背两旁的立牙头、椅腿上端的角花牙，以及左右后面的牙板统一起来。[①]在设计中，整体与局部、局部与局部之间，通过“在对比求统一、在统一中求变化”，体现了一种特有的和谐之美，成为家具设计中的一种典范。明式“圈椅”上世纪中叶被丹麦设计师维格纳作为原创的素材设计了系列“中国椅”（图5-2），可见其在设计上的造诣之深。

①安胜足，翟燕，张晓燕. 明式家具的审美特征与现代中式家具设计. 室内设计，2003，(6)：32-36.

5.2 地域之姻

——天人合一，地比大母，相地如同相人。（高友谦）

“人是环境的产物”（爱尔维修）[②]。环境塑造人，环境也成就了家具的地域特色和个性。对于中国家具而言，地域应是民族个性形成的“土壤”，地域特色

②亢亮，亢羽. 风水与建筑. 天津：百花文艺出版社，1999：75.

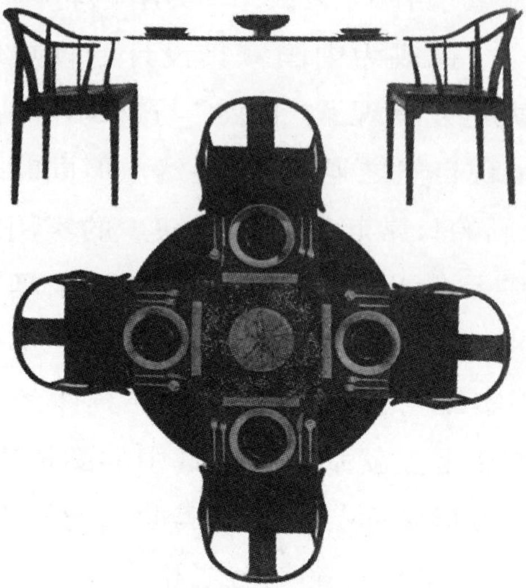

图 5-2　中国椅

应是其民族文化的个性突显。在幅员辽阔的中华大地，可以领略到地球上一切地形、地貌，从高原、平原到盆地，众多的大好河山构成了中国地形独特的地域风貌。中华民族的喜怒哀乐与衣食住行无不与千山万水相连，中华文化的生命与性格也孕育在中国内地的万里河山之中。从此，中国家具从形制、种类、造型、装饰与取材等方面与中国丰富多样的地貌结下了不解的地域之缘。

5.2.1　地域影响

"地者，万物之本源，诸生之根苑也"（《管子·水地篇》）[①]。地域环境是万物形成的本原，任何设计离不开环境因素。从整个人类家具发展史来看，家具作为人类生活的一种组织形式，塑造着人的生活方式和生存环境，其产生与发展都是特定地域环境作用下的产物。中国自古受"天人合一"哲学思想的影响与支

①高友谦. 中国风水文化. 北京：团结出版社，2005：32.

配，“仰观象于天，俯则观法于地，观鸟兽之文与地之宜，近取诸身，远取诸物”（《易·系辞下》），逐步建立了因地制宜、协调发展的理念。在这样一种文化理念的指导下，中国家具便与各个地域的风土人情结下了不解之缘。由于不同地域存在地形、地貌、气候、人文、经济与社会等因素方面的差异性，也就促成了中国家具特有的生境因缘（图5-3）。

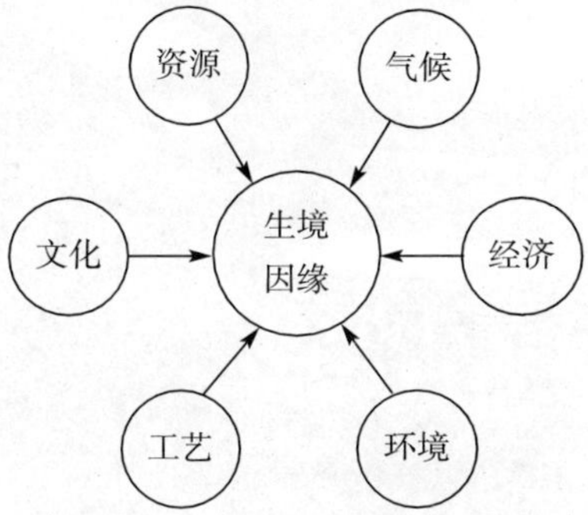

图5-3 中国家具的生境因缘

其一，资源之因。任何设计都是对自然物的重视与改造过程。不同地域由于其特有的自然环境受地形、地貌、气候、季节等因素的影响，也就造成了自然资源的差异性。而对于广大的农村地区来说，民用家具的选材直接源于当地，不同地域家具材料的差异性，也就造就了家具形式与风格的差异性。就木材而言，由于受自然地理特征的影响，榆木、核桃木多产于中国北方地区，因而北方家具多以榆木、核桃木为主，尤其是在山西，核桃木家具几乎是其独有的专利，成为晋式家具一大鲜明特点。此外，我国也是世界上竹材资源最为丰富、加工使用历史最为悠久的国家，在长江以南各省到处生长着茂密的竹材[1]。从人们远古时代编织的竹篾席及以后广泛用于民间的竹家具来

①尹思慈．木材学．北京：中国林业出版社，1997：253．

看，中国人就地取材，并很早就掌握了竹器制作的工艺与技巧，充分有效地利用竹材特有的材料属性，制作了不少良器益具。如图5－4所示，宁波地区民间生产的儿童竹坐车，充分利用了竹材可折弯，可切成薄片编织等特点，使得家具在一种直与曲、整材与片材、光滑与粗糙的对比中呈现一种朴实自然之美。

图5－4　儿童竹坐车

其二，气候之因。在自然环境方面，尤其不能忽视气候条件对家具的影响。气候是直接影响自然资源类别的决定性因素之一。在中国，由于地域跨度大，南北气候差别明显。江南一带湿润多雨，北方干燥多风；江南四季常绿，北方植物季相分明。受气候和四季变化的影响，树木的生长速度不一，导致了树木年轮的不一致，也形成了不同木材的材质与纹理的差异。而这些差异性直接影响最后家具制作出来的外观效果。在不同的气候条件下，也对建筑的风格产生影响，如江南建筑轻巧宜人、空间通透，而东北的建筑则厚重朴实、封闭严密[①]。不同气候区的建筑风格特征也就成了家具地域性的形成内因。此外,气候直接影响家具的具体形制。为了御寒,北方出现了以火炕、炉灶为中心的家具形式,而这些家具在气候温暖的江南一带便无用武之地。在南方,因为炎热潮湿,为防虫虰咬,因而产生了装有床架的架子床。

①张健,姜兴有. 建筑设计中的"欧陆风"和民族性. 沈阳建筑工程学院学报,2003,19(3):129-130.

其三,文化之因。任何设计都具有文化整合的性质,设计与文化密不可分,而"各地文化精神之不同,穷其根源,最先还是由于自然环境有分别,而影响其生活方式,再由生活方式影响文化精神"[②]。由此看来,由于地域环境的不同而导致的文化异质应是设计取向不同的根源。俗话说:"一方风水,养一方风土人情。"中国独特的地理环境,形成了中华民族特有的"农耕文化"特征表象。农耕文化常常可以自给,无事外求,安分守己,居于一地,非大灾人患不易流动,具有一种恪遵传统、保守的文化性格。这种文化特性,也许正是造成中华大地"十里不同风,百里不同俗"的形成缘由。民族风俗习惯的差异,必然造就中国家具丰富多彩的地域个性与风格。像在苏州受文人之影响,文人的习俗直接促进了"苏式"家具的形成。

②钱穆. 中国文化史导论. 北京:商务印书馆,2005:2.

其四,经济之缘。中国古时的乡村,生活并不富裕,除了房屋,家具也是其祖传的家产之一。对于生活温饱尚成问题的家庭来说,家具应是奢侈之品。因而家具独特地域风格的形成与经济发展水平息息相关。像典型的京式、苏式、广式家具的生产地对于中华大地来说,都是生活水平相对发达的地区。再看山西与徽州的乡村,这些曾在中国商业史上叱咤风云的晋商与徽商的家乡,建筑都十分华美,也留下了非常精美的家具。由于商人们有足够的经济实力，在制作与选择家具时拥有更大的自由度和灵活性，同时质量与数量上的要求客观上也刺激了家具生产技艺与水平的提高以及家具风格的形成。另有，宁式家具的兴盛也是明清时期宁波港口经济繁荣与商品经济发展的客观条件所致。

其五，工艺之缘。中国家具工艺手法多样，由于不同地域人们的喜爱不同，家具制作的工艺各有千秋。像北京的京式家具，由于是为宫廷而作，全国各地的能工巧匠都汇集京城皇宫造办处，因而京式家具的制作水平应是最高的，工艺精良、式样繁多、装饰豪华，可谓穷奢极侈。另外，在山西，那里是中国境内现存古建筑最多的省份，古老的建筑艺术也赋予了山西民间传统家具的造型美感及高超的制作技艺[①]。一批拥有精湛技艺的工匠队伍，为家具制作提供了技术保证，也是晋式家具得以形成的沃土。在温州，瓯作家具的髹漆工艺以及对金漆的倾心，也造就了当地漆木家具浓厚的地域之情。

其六，环境之缘。挪威建筑师诺伯·舒尔茨指出："人要定居下来，他必须在环境中能辨明方向并与环境认同。"[②]家具所在的环境有大小之分。小环境指的是所在的室内及建筑所处的地域；大环境指的是所在的整个地区乃至整个中华大地。家具受建筑与室内之影响，将在本章第3、4节详细介绍。至于家具受所在的大环境影响，笔者认为尽管由于各自地理位置的特殊性，不同地域、不同民族的人们形成了相对稳定与个性的生活习俗，并由此形成了一些独具地域特色的家具风格。但由于中国各民族的长期共处和文化交流，就使得各种地域风格家具中融入了一些异

①刘源. 山西民间传统家具文化意义的当代解读. 广西民族学院学报，2002，24(6)：45－49.

②C. N. Shulz. Genius Loci－Towards a Phenomenology of Architecture. U. S. A. 1980：5.

地风趣和民族之情。像广式家具就是受了西洋文化的影响，成为一种中西文化合璧的象征。后来，京式、苏式、广式等家具的风格也不同程度上受到了广式家具的影响。在晋式家具中，由于在山西北部汉族与北方鲜卑、突厥、契丹、女真等民族杂居，诸少数民族的审美观也或多或少地影响了当地的民间家具。结构形状的影响主要体现在栏杆榻、供桌和长交椅三个品种上；生活方式上，受游牧文化的影响，山西民间家具中可折叠的桌椅较为常见；装饰风格上，山西民间家具中也多了一些辽金文化喜爱的花草植物和几何图案的装饰细节。这种从造型、装饰和使用功能等方面的多元文化烙印，正是文化交流与融合的结果[①]。

①刘源．山西民间传统家具文化意义的当代解读．广西民族学院学报，2002，24（6）：45－49．

5.2.2 地域风格

中国地域辽阔，各地区自然、文化、经济和社会环境的不同，促成了不同地区独具特色的家具风格。特别是明清以后，许多地区经过几千年的长期积累与演变，形成了相对稳定的审美习俗与文化传统，并由此产生了形式纷繁多样的家具式样。其中以苏式（苏州制作），京式（北京制作）、广式（广州制作）最为闻名，历来有明清家具"三杰"之称。除此之外，在南方，宁波的宁式、上海的海式、温州的瓯作、福建的闽作、四川的川作；在北方，山西的晋式、河北的冀作、山东的鲁作、陕西的陕作等众多家具风格与流派，构成了中国家具一道道靓丽的风景线。

（1）苏式家具

苏式家具是指以苏州为中心的长江中下游地区所生产的家具。俗话说："上有天堂，下有苏杭。"享有“天堂”之称的苏州在明代，就成为江南一带经济发展的中心，经济的繁荣促进了苏州在工艺制器方面的优势。明张翰在《松窗梦语·百工记》中记载：“江南之侈，尤莫过于三吴……吴制器而美，以非美弗珍也……四方贵民，而吴益工于器。”文中的“三吴”指的就是苏州与吴兴、长洲，以苏州为首。其中的制器，当然包括家具制作[①]。

①陈文平.明清家具三作赏析.上海艺术家，2006，(1)：61－63.

苏州地处江南，和风细雨，水天一色，是住家陶情的理想之地。自古以来，许多文人画家[②]云集此地，赋予了苏州丰厚的文化氛围。尤其是明代以后，随着苏州园林的兴起，吸引了大批文人雅士到此求逸脱俗。江南胜景、温文尔雅等众多因素成就了苏式家具的举世闻名，也造就了其独特的精美雅秀风格。

②中国绘画史上的吴门画派就诞生于此地。

苏式家具在造型上，简练大方，朴实优美，线条流畅，比例适度。体量上相对广式、京式家具略显轻巧玲珑。在选材上，苏式家具喜用硬木材质，但由于江南一带硬质木材来源并不充裕，因而有了“惜木如金”之说。为了节省有限的木料，大件家具常常采用包镶手法或外贴优质硬木薄板；小件家具，常采用小块碎料拼接而成。这种在材料上的精打细算，客观上也就刺激了苏式家具在工艺上的技术造诣。像其采用较多的包镶作法的家具中，由于选择包镶的交接线在折沿线处，把接缝处理在让人看不出破绽的棱角部位，使整个家具木质纹理几近完美，天衣无缝，让人几乎找不到拼接的地方，其工艺之高超，令人叹为观止。装饰上，苏式家具追求简而秀，通常使用小面积的浮雕、线刻和镶嵌等手法，题材多采取历代名人画稿，以松、竹、梅、山水、花、鸟为主，并喜用草龙、方花纹、灵芝纹、鱼草纹与缠枝莲等传统图案。[①]

①陈文平.明清家具三作赏析.上海艺术家，2006，(1)：61－63.

总之，苏式家具历史悠久，具有丰富的文化传统，是明式家具的典型代表。同时作为文人家具，其设计水平与艺术造诣至今仍让人流连忘返，名扬中外。进入清代乾隆以后，受社会风气及审美习俗变迁的影响，风格开始走向富丽、华而不实，其“龙头老大”的地位也被后来居上的广式家具所取代。

(2)广式家具

广式家具是指清代以后在广州地区制作的家具。自古以来，广州就是中国南方对外贸易和文化交流的重要窗口。尤为明代中叶以后，中外文化与经济的交流越来越频繁。一方面，留洋经商求学人士纷纷回国，西方大批传教士途经广州进入中国，他们带来了西方的文化观念和生活习俗；另一方面，西方国家的商品涌现广州市场，西洋建筑风格的商馆、洋行也陆续在广州出现。这样一来，在洋观念、洋房、洋货等西方文化与器物的综合作用之下，广州一带的人们审美习俗开始悄悄地发生变化。也许是中国人从来没有对异质文化强烈排外的心理，加之清代中期以后，中国自身文化开始走向衰落。两者之结合给了西洋文化侵入的足够理由，广式家具正是此背景下的产物。正如蔡易安在《清代广式家具》中所说：“占有天时、地利、人和的清代广东家具领先突破了我国千百年来传统家具的原有格式，它大胆地吸收了西欧造型等新的家具形式，创造出了崭新的广式家具”[②]。广式家具是中国家具模仿西方式样的结果，也是中西文化合璧的结晶。其给中国大地带来的影响是深远的，名赫一时的清式家具正是以广式家具为代表的。

由于广州是贸易港口，东南亚的优质贵重木材

②濮安国. 明清家具鉴赏. 杭州：西泠印社，2004:19.

大多由此进口,再加上本土又是贵重木材的产地,材料的充足与优势赋予了广式家具与其他式样家具不同的选材观与造物观。选材上,广式家具强调用整材,用同一种木料制作家具,且用料粗壮,如紫檀或红木家具,其用料肯定是清一色的紫檀或红木,各种木料互不掺用,实实在在。造型上,由于选料粗犷,因而有厚重夯实之感,显得大气而豪华。装饰上,广式家具极为讲究,追求一种繁缛宝贵之气。装饰题材在传统的云龙纹、海水纹、凤纹及各种花卉纹等纹饰中,常常夹杂了一些诸如西番莲之类的西洋纹。工艺上,广式家具多采用雕刻与镶嵌等方法。受西洋当时靡兴的巴洛克与洛可可风格影响,广式家具几乎整体都施以雕饰,尤为花纹雕刻,刀刻熟练、磨工精细,技艺高超得常常让人看不到花纹刀凿的痕迹。广式家具的镶嵌技艺也堪称一绝,多采用大理石、象牙、珐琅、玻璃油画等镶嵌,成为中国家具中一枝珍贵的奇葩。①

与苏式家具风格形成鲜明对照,广式家具在清代独领风骚,一时成为清宫的主要家具,也深深地影响了中国其他各地家具的发展。像北京、苏州、扬州、上海、宁波等地的工匠们,都一定程度上模仿广作的形式与工艺手法,给当时的家具风格与式样注入了新的灵性。

(3)京式家具

京式家具一般是指北京制作的宫廷家具,不包括北京平民使用的家具。京式家具风格是清代后逐步形成的。北京,作为清朝政治、经济、文化中心,皇宫、王公大臣长居北京,一方面需要大量的家具,另一方面又需要一种与其地位相称的"贵族"家具。在此要

①刘景峰.中国古典家具收藏与鉴赏全书(下).天津:天津古籍出版社,2005:383-387.

求下，京式家具应运而生。京式家具由宫廷作坊如造办处、御用监在京制造，制作工匠由全国各地召集而来，这里汇集了家具制作的能工巧匠。同时工匠们也带来各式家具的制作风格与式样。代表全国顶尖水平的广式与苏式家具风格，颇受皇室贵族的审美青睐，两种风格在京城快速融合，最终导致了京式家具风格的形成。

京式家具是广式家具与苏式家具的结合体，其形制风格也介于两者之间。选材上以紫檀、黄花梨和红木等硬木为主，比广式家具要"节"，比苏式家具要"实"，"皇气"十足。造型上，偏重于广式家具的雍容、尊贵、豪华气派。装饰上，为显示其皇家气派与富贵之势，不惜工本与用料，常使用金、银、玉、象牙、珐琅、百宝等珍贵材料镶嵌，并施以夔龙、夔凤、拐子纹、蟋纹、螭纹、兽面纹、雷纹、勾卷纹等不同形态的纹饰[①]。其式样之繁多，工艺之精良，装饰之豪华，是其他任何式样家具无与伦比的。

①刘景峰.中国古典家具收藏与鉴赏全书(下).天津：天津古籍出版社，2005：389.

京式家具由于是适合皇家生活起居与礼祭要求而作，其过于追求一种仁礼之道和威严之势，往往忽视一些家具最基本的实用之求，沦为"为装饰而装饰"。正是这样，京式家具随着清政府退出历史舞台、封建王朝的瓦解而被人们所弃置。尽管后来民间有伪造者，但因其失去了本该独有的一种霸气，其应有的文化与艺术价值也荡然无存，鉴赏者与收藏家对此类京式家具并不看好。

(4)晋式家具

在乡村家具中，如果南方以苏式家具为代表，在北方则应以晋式家具为首。由于山西在历史上商贾辈出，富甲一方，富商返乡最大的心愿是广兴土木，光宗耀祖。这给山西一带留下了宝贵的建筑遗产，现存尚有一千三百多处[①]，毫无疑问也留下了精美的家具。晋式家具多选材当地盛产的核桃木，造型上古朴伟岸，结实耐用，颇具宋辽古家具的遗韵[②]。装饰上受商业文化影响，多采用象征财富的铜钱纹格联图、隐喻福寿的祥云蝙蝠图、体现富贵威严的龙凤图纹、展现自然之美的花草植物纹样等，同时装饰风格也受到了少数民族文化的影响，体现一种多文化品质。式样上，晋式家具的炕桌、炕柜是具有典型地域特色的家具品类，东南沿海一带很少见。坐炕的习俗使得晋式家具中也能看到一些矮型家具的痕迹，这也许是其独有的特色之一。图5－5是晋式炕柜和储物柜（清代）摆放在现代家居之中，没有一点过时的印象，可见晋式家具的魅力与永恒。

①刘源. 山西民间传统家具文化意义的当代解读. 广西民族学院学报，2002，24（6）：45－49.

②柏德元，潘嘉来. 中国传统家具. 北京：人民美术出版社，2005：68－69.

图5－5　现代家居中的晋式柜

（5）宁式家具

宁式家具，又叫甬作家具，是指明清以来宁波地区制作的家具。宁波是中国近代最早开埠的沿海城市之一，得山海之利，素有"鱼米之乡"之称。得天独厚的地域与经济条件造就了宁式家具独特的民俗风格。宁式家具的选材以紫檀木、花梨木、红木等优质硬木以及楠木、榉木、樟木等当地木料为主要材料。[1]造型上，宁式家具秀丽精巧、比例匀称，颇有江南水乡之韵味。装饰工艺上，其最大特点是擅长于镶嵌手法，尤以镶嵌骨石为特色，无论是箱橱，还是桌椅，都可以见到其非常精美的骨石镶嵌图案纹式。

①陈立未.宁式家具的地域风格及在当代的传承与创新之研究(学位论文).无锡:江南大学,2004:5.

除了上述几式家具之外，南方的海式家具是清代晚期至民国时期在上海地区生产的家具式样，海式家具以红木与柚木为主。风格上，一方面强调与中国传统家具元素相结合；另一方面主张吸收西洋艺术风格，使其成为中西合璧的大杂烩。四川的川作家具虽在手法上吸收了南北之长，但均未学到位。家具形制既强调实用，却又要威严之势，两者之结合造就了川作家具（诸如高靠背矮扶手）的失调之态。福建的闽作家具，在客家文化影响之下，与福建居民有异曲同工之妙，具有一种华丽热烈的风格。在北方，河北的冀作家具实用而笨拙，方方正正，略显土气。山东的鲁作家具，形如山东汉子，豪爽大气，用料粗壮，体积硕大。在陕西，由于相对闭塞，使得陕作家具多有一种古拙之气、石雕之韵。[2]

②观复.质朴乡风,家具与环境,1999,(4):20-23.

总之，中华大地物华天宝，人杰地灵，博深的地域文化与乡土人情赋予了中国家具丰富多彩的地域风格。

5.3 室中求宜

——安器置物者务在纵横得当。(李渔[清])

“宅者,人之本。人以宅为家,居若安,则家代昌吉”(《释名》)。在中国人眼中,“宅”是人类生存基本环境的经营,它是人与自然的中介[①],同时也是人们生活赖以依存的家具陈设之场所。生活住宅的好坏常常对于信“天命”的中国人来说至关重要,因而人只要是经济条件许可,即使是负债,也要建房造屋,这种民族习性在今天的农村仍然盛行。改革开放30年来,笔者家乡湖南攸县的农民生活水平得以提高,许多人先后两三次拆旧房建新房。其实,人们建房子的情结反映了中国人是一个非常热爱生活的民族。对房子如此独钟,更不必说对于室中之家具了。空有其屋,没有家具,何尝谈生活的“昌吉”。自古以来,家具作为室内不可缺少的陈设,中国人形成了一种独特的思维模式和布局陈式。

①亢亮,亢羽.风水与建筑.天津:百花文艺出版社,1999:229-230.

5.3.1 陈设之思

“如果房屋建造良好,那么,其家庭‘内部’和周围的‘外部’便将具有一种有机的联系,同时为家庭生活提供一个清静的小天地”。[②]这个小天地,就是人们起居生活、待人接物、工作学习的室内空间。而所谓家具,作为室内空间中的“填充物”,既是人们生存、生活不可缺少的实用器具,又是为室内环境添辉加色的摆设之物。室内设计时,有时以前者之功用为主,有时以后者之要求为上。自古以来,中国人在其

②(美)奥尔德里奇.艺术哲学.程孟解译.北京:中国社会科学出版社,1986:79.

长期生活积累中,形成了一套相对稳定的家具陈设思维模式(图5－6)。

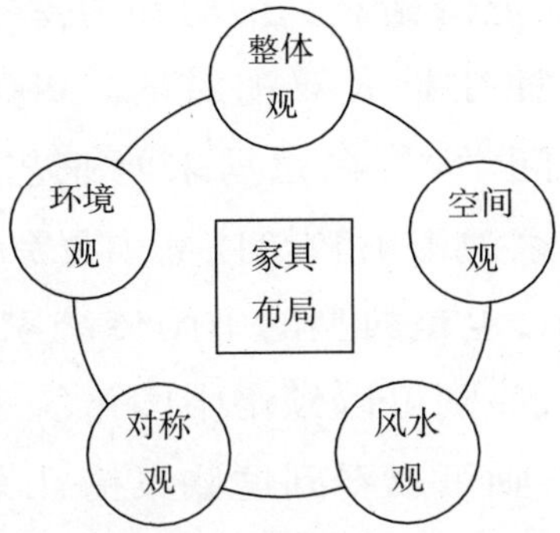

图5－6 家具布置的成因

其一,整体观。"一个艺术品必须为世界提供一个整体性的形象"[①]。任何一个作品的美感与其整体和谐构思是分不开的。自古以来,中国人在"天人合一"、"重道悟理"的哲学观支配下,就形成了一种对事物整体把握的能力,重事物的结构、功能和联系。在处理事物中,总是居高临下、俯视鸟瞰,把它放在一个大环境的视野中去考究。[②]从"至大无外,谓之大一;至小无内,谓之小一"、"泛爱万物,天地一体"(《庄子·天下》)等命题中,可以看出整体观在古代哲学中的体现。[③]

"物无孤立之理"(《正蒙·动物篇》)。整体思维观体现在具体的造物活动中,则表现为追求完整的造型意识和空间布局。长期以来,这种理念在中国的艺术创作者和欣赏者心目中占有很重要的位置。在家具设计中,这种思维体现在两个方面:一方面,设计者强调家具作品的整体造型把握。就任何一个单件作品本身来说,造型、装饰与结构浑然一体是中国传统家具的一大特色;另一方面,在中国家具设计中,强调室内空间内家具的整体布局与造型风格的一致性。

①(美)阿恩海姆.艺术与视知觉.滕守尧,朱疆源译.北京:中国社会科学出版社,1984:193.

②张岱年,方克立.中国文化概论.北京:北京师范大学出版社,2001:180.

③李新柳.东西方文化比较导论.北京:高等教育出版社,2005:94.

早在宋元时代，中国建筑的室内布局就有了一定的格式。一般而言，厅堂正中置屏风，屏风前置椅或两圆凳，两侧又设数把椅相对。书房和内室家具可以随便一些，但几、椅往往是成双配对的。[①]2005 年夏，笔者去马来西亚访问学习，在原马来西亚艺术学院院长、著名华人国画家钟正山教授住宅内见到的仿古家具，如图 5－7 所示，也是典型的中国传统家具陈设方式。从这些家具中，一则可以领略中国传统家具陈设布置的整体美感，二则可以看到这些桌椅几案造型风格的一致与几近完美。总之，“一件家具不是一件任意的组织，它是我们环境中必有的构成因素之一。它本身是非人格化的，只有从其使用方式或从一个整体计划的构成部分的角度上看才有意义”[②]。

①展望之. 中国装饰文化. 上海：上海古籍出版社，2001：15－16.

②王受之. 世界工业设计史略. 上海：上海人民美术出版社，1987：59.

图 5－7　钟先生家的家具陈设

其二，环境观。“环境可以说就是围绕某种物体，并对物体的‘行为’产生某种影响的外界事物”[③]。中国的环境设计概念早在南宋时期就已形成，远远早于西方。建筑、园林的“因地制宜”、“体宜因借”等环境理念，在家具陈设上的具体要求应是“适形而上”

③（日）相马一郎，佐古顺彦. 环境心理学. 周畅，李曼曼译. 北京：中国建筑工业出版社，1986：12.

(《易经·大壮》)。任何家具的陈设都要考虑与整个室内环境的关系,将家具看做是室内环境不可分割的一部分。在古代,人们在形象思维上,历来非常注重家具艺术在生活情调上对环境气氛的渲染作用。例如:古时天子或诸侯权贵们为了炫耀其显赫的地位,常常利用屏风与椅榻等家具群组配合形成一种室内气氛渲染和艺术效果。唐朝诗人白居易在《庐山草堂记》中不无自得地说:"噫!凡人丰一屋、华一箦,而起居其间,尚不免有骄稳之态,今我为是物主,物至致知,各以类至,又安得不外适内和,体宁心恬哉!""外适内和,体宁心恬"二语深深揭示了诗人追求居处与身心和谐,以获精神恬宁的境界,同时又体现了因时、因地、因人制宜的室内环境观。[1]

其三,空间观。"空间的观点是民族性的,不同的民族有不同的空间观念"[2]。老子曾说:"凿户牖以为室,当其无,有室之用"(《老子·第十一章》),建造房屋,其有用之求正是室内的空间。早在先秦时代,中国人对空间就有了这种独特的见解。"无"即是室内空间之道,是生命的节奏,但"无"对于家具而言,即是"有",是"室之用"。在室内空间中,家具既占据一定的空间,又充当室内空间关系的构成部分。这样一来,室内空间的尺度、形状、结构和设计基调等,自然对家具的选择配置与组合等产生一定影响。[3]同时,家具也对室内空间气氛具有烘托作用。在颐和园的乐寿堂内,用屏风、博古架、碧纱橱等家具来分隔室内,造成了一种若断若续、若分若合、若开若闭的空间效果,体现了一种特有的空间之美。

室内空间是生活的容积。室内空间的格局是对生活的阐释,是家具存在的依据。从古时"构木为

①展望之.中国装饰文化.上海:上海古籍出版社,2001:13-14.

②(台)汉宝德.中国建筑文化.北京:三联书店,2006:82.

③章利国.设计艺术美学.济南:山东教育出版社,2005:70.

巢”的巢居、“穴而处”的穴居以来，中国居住空间始于单室，多采用长方形与圆形。在单间“生活细胞”建筑基础上，中西建筑发展的空间观念有所不同。西方倡导建筑的功能，发展了错综繁复的建筑空间体系，室内空间可以有客厅、起居室、休息室、家庭室、饮酒室、阅报室等房间代替一般住家的客厅。中国的空间观是基于情趣的，所以中国的住宅在单间细胞上发展成了“三间房子”，横向排列，中间为堂，左右为室。两千多年来，汉族的生活空间并没有进步，一直以“三间房子”为基本单元，即使是大宅栋宇连云，主人之居也不过内外三间。从室内空间的布局可以充分感受到中华民族是一个非常现实而单纯的民族。以时间为纲来参考，就舒适性而言，居住空间并不需很多房间，空间的过多推展会造成生活上的负担。[①]有了这种认识，再看中国家具在室内的陈设方法，其实也非常单纯，一般都是以某个大件或核心家具为中心，再成双配对辅助家具，与“一堂两室”的建筑空间布局方法一致。

①(台)汉宝德. 中国建筑文化. 北京:三联书店，2006:215-229.

其四，对称观。“对称被证明是所有装饰艺术的内在的先决条件，它从艺术活动的开始，便扎根在人类身上。中国人懂得它，古埃及人懂得它，而且不仅在几何装饰方面，尽管有人企图否认他们有这种认识”[②]。从中国早期人类“比类取象”思维中，也可以证实中国人具有一种独特的对称观念。从自然界到人为的万物都存在某种对称关系，对称是事物的结构性原理。“象”从自然中而来，出于模仿的本性，早期人们在制造器具时有意识地追求制造物的对称，以适合使用上的方便，并享受对称形态给人的愉悦性和快感。[③]不过，对称思维在中西文化中也存在差异。“世

②(奥地利)阿洛瓦·里格尔. 刘景联，李薇蔓译. 风格问题. 长沙:湖南科学技术出版社，2000:26.

③高丰. 中国器物艺术论. 太原:山西教育出版社，2001:66.

界上没有一个文化像中国一样，配置上强调主轴。”[①] 这种中轴对称观不仅显现于中国建筑布局和汉字中，如“中”、“东”、“律”、“乘”等。在家具本身的造型及家具在室内空间布置上也都有所体现。无论是普通人家的厅堂还是皇宫贵族的家具陈设，都可以隐约感受到一种内在的“中轴线”，将家具有机地组织在一起。透过这种家具的“对称”布局，创造一种独特的空间感，能更多地感受一种庄严、稳重、肃静及平和之势。在明清统治阶级的室内，家具布置更要求成双配对的对称陈设。厅堂内以桌案或檐炕为中心，配以成组的几椅；厢房内橱柜和书架也力求成对摆列、严谨划一。

①(台)汉宝德. 中国建筑文化. 北京：三联书店，2006:90.

其五，风水观。中国风水观是中国天地人合一作用下对自然一种独特认识的结果。尽管有人对此持怀疑态度，但中国风水对自然的一些独特认识与理论体系已经引起国内外学者的广泛关注。英国学者李约瑟博士就认为，风水在建筑上的应用是人与自然相结合的一种象征主义，并在《中国的科学与文明》中说：“在许多方面，风水对中国人民来说是恩物……就整个而言，我相信风水包含显著的美学成分。”[②] 风水观对家具在室内的摆放也产生了一些影响。“镜子”是古代避风去邪的器物，不仅在许多古建筑中可以看到“风水镜”，而且在一些民间院落的门前或窗前也能见到相似的“风水镜”，门窗的朝向与“吉向”关系挺大，如有不符又无法改门，只能求助于“镜子”，在门窗上安放镜子。室内梳妆镜以及衣柜镜的摆放同样有规定，中国风水强调“气”，人体之气与宇宙之气是一个本源，天人相应，镜子对着人，人的气会反射掉一部分，对身体有害。所以，衣柜镜与梳妆镜是不宜

②陈志华. 北窗杂记. 郑州：河南科学技术出版社，2004:300.

对着睡床或写字台的。如果实在摆不开,设屏风是也。屏风从风水论角度来看,是用来挡气流的家具,为人造实体符。这也许是自古以来屏风受人如此痴迷的缘由之一吧。[①]《荀子·大略》中就说:"天子外屏,诸侯内屏。"将屏风作为避邪之物。后汉李尤的《屏风铭》也说:"舍则潜避,用则设张。立必端直,处必廉方。雍阏风邪,雾露是抗。奉上蔽下,不失其常。"[②]道出了屏风的功效。总之,中国风水学影响了几千年来人们的空间观,其对家具在室内的摆放禁忌还有很多,如床不能与门相对,床不能置于梁之下,等等。这里暂且也当是中国家具陈设的民族特性之一吧。

①亢亮,亢羽. 风水与建筑. 天津:百花文艺出版社,1999:126-129.

②展望之. 中国装饰文化. 上海:上海古籍出版社,2001:52.

5.3.2 家具布局

家具是人生活的产物,是室内空间的附属品。几千年来,中国家具随着中国建筑室内空间与人们起居方式的变化而变化、进步而进步。同时,受中国人独特的整体观、环境观、对称观、空间观及风水观等造物理念与思想的影响,形成了各个时期相对稳定的家具布设模式。

(1)矮坐时期的家具置放

在远古时代,席作为最早的成形家具,可卷可舒、陈设方便。在家具形制如此单一的情况下,古人发明了各种席类品种,出于礼仪,也制定了不少在室内布席和使用席的制度(详见第3章第1节),这些可以说是家具陈设思想的萌芽。进入商周、三国时期,起居方式以跪坐为主,床、榻取代了席作为主要的坐卧类家具。受室内空间相对狭小的限制,尽管产生了早期的几、俎等承具和禁、於等贮具,但由于这些家具的使用一般具有多种功用，因而根据需要在室内空间的摆放位置具有一定的随意性，甚至有些家具由于空间的原因，用毕即撤除，此时尚没有固定的家具陈设模式。

秦汉时期，进入了中国低矮家具的鼎盛时期，家具的品类逐渐丰富起来，出现了以床、榻为中心的室内布局。从汉画中我们可以考究汉代室内陈设比先秦时代要讲究得多，通常房屋中间置放大床（或榻），床顶加帐，床后设屏，床前置放几、案，随用即置。如是待客或宴饮，以筵铺地，以席设位，除床相对固定以外，其他家具无固定位置，体现了不同场合呈不同陈设的家具布置思想。[①]

①聂菲，姚湘君．从汉画看汉代家具及陈设．南方文物，2002，（3）：77－83．

（2）高低型家具并存时期的家具布置

东汉时期，椅子等高坐具开始出现，经魏晋南北朝，一直到宋代以前这一时期是中国人的起居方式由席地坐到垂足坐的过渡时期，前期以跪坐为主，后期以高坐为主。在这一段长达千年的历史时期，除了坐卧具以外，桌案类、橱柜、屏架类家具的品种与形制也逐渐丰富起来。尤其是屏风在室内的使用，不仅起到分割空间的作用，同时也与其他家具组群配置一起烘托一种渲染气氛，充分展现家具室内陈设的艺术效果。隋唐五代以后，垂足坐的生活方式逐步成为社会主流，高足家具迅速流行起来。[②]此时，由于众多高足家具的形制趋于成熟，为中国家具室内布局风格的形成奠定了良好的基础。从五代顾闳中的《韩熙载夜宴图》（图5－8）中也可以略见当时的家具陈设，由大型床榻、长条几、靠背椅等组成的厅堂家具配置场景表明中国高型家具的室内风格已见雏形。

②潘鲁生．中国传统生活方式．济南：山东教育出版社，2002：81－82．

图 5-8 《韩熙载夜宴图》中的家具陈设

(3)垂足而坐时期的家具陈设

中国家具到了宋代,结束了几千年来的席地生活方式,完成了从低坐向高坐生活方式的过渡。此时,家具无论是品种、结构,还是形制都为后来明清家具的辉煌揭开了序幕。南宋时期,人们开始铸就环境设计思想,就室内环境而言,室内家具的陈设开始走向固定的格局。厅堂内,一般采用对称格式,屏风前正中放置椅子,两侧又各设四椅相对或仅在屏风前摆放主客对坐的二圆凳,书房与卧室的家具一般采用不对称格式,无固定的格局。[①]

明清时期是中国家具的辉煌时期,家具品类齐全、风格调谐,为家具在室内中陈设的整体性布局创造了良好的条件。作为同一空间的家具品种,出现了成套家具的概念[②],相当于现代设计中的系列化设计思想,可见当时中国在家具设计理论方面的先进性。就统治阶级的皇宫和官府而言,家具不仅仅是生活家用器具,还把家具作为室内环境中的重要因素。设计房子时,就将房屋结构、装修、字画陈设和家具等作为一个整体来考虑,从中可以看到中国先人们独特的整体思维与空间观。

①淡智慧. 中国传统风格室内环境中的家具陈设(学位论文). 北京:北京林业大学,2004:35.

②刘敦桢. 中国古代建筑史. 北京:中国建筑工业出版社,2000:347.

一般而言,明清家具在厅堂、书斋、卧室等室内空间呈现出相对固定、程式化的家具组合配套模式。如屏风、一只茶几、两把椅子是普通厅堂内的必备家具,只是随着地位的升高和空间的增大,茶几和椅子的数量会成倍增多,甚至使用 8 个茶几、16 把椅子的成套对称陈设排列。就卧室而言,北方以炕为中心,配以炕桌、茶几、椅子和方圆凳;南方则以架子床为中心,配以橱柜、闷户橱、凳、坐墩、梳妆桌等家具。书斋之房,多为文人雅士所设,家具式样一般以素雅、脱俗的风格为多,陈设也以实用为主,“几、榻俱不宜多置,但取古制狭边书几一,置于中,上设笔砚、香盒、熏炉之属,俱小而雅”(《长物志》)。可见书斋中的陈设,一般以方桌为中心,再配以数量适中的椅凳及几榻等。①

①董伯信. 中国古代家具综览. 合肥:安徽科学技术出版社, 2004: 341 - 347.

总之,中国家具的室内布局从古至今,走过了一条从格无定式到整体布局的道路;从贵族、文人到平民,追求的是一种庄严对称、雅俗共享到吉祥自然的不同品趣。明人文震亨在《长物志》中道出了中国家具陈设的思想精华:“位置之法,繁简不同,寒暑各异。高堂广榭,曲房奥室,各有所宜。”

5.4 筑具之缘

——自从有了盖房子的活动起,就有做家具活动。(杨耀)

建筑是空间的限定,家具是空间的组织。没有建筑,家具无从谈起;光有建筑,没有家具,建筑将失去其应有的存在价值。自古以来,家具与建筑相伴而生，一脉相承，体现一种表里和骨肉的关系。家具与建筑的这种密切关系在中国家具的产生、演变与发展中，表现得尤为明显。

5.4.1 表里如一

空间上，“建筑是表，家具是里”（杨耀）[①]。建筑的主角是空间，在建筑限定的空间即室内中，家具是人们赖以生活必不可少的器具，是建筑空间的延续。家具与建筑是人们生活空间的两个层次，家具的造型、装饰、色彩、肌理、材质等外观效果，与建筑室内界面的装饰装修效果，共同构筑人类一生中大部分时光所处的室内环境。

从生活的角度来看，建筑是生活的舞台，家具是生活的镜子。任何家具与建筑都是密不可分的。任何建筑的形制都是人们生活的反映，设计建筑，也就是在设计生活。家具是建筑的补充，跟建筑配套，共同承载人们生活之使命。尤其是在一些特殊环境下产生的家具品种，更是如此。如在皖南、赣北、浙西的天井式住宅里，人们的日常生活、手工业生产、农副产品加工等，都是在天井的廊檐下进行的，那里宽敞空阔。在冬季为了御寒，聪明人发明了火桶。有的像圆锥台，供小孩站着；有的像凳子，供劳作时坐着；有的像沙发，供休闲之用；还有的像小船，供两人相对而坐。住宅内之所以能采用这种火桶，是因为它空敞，能将木炭燃烧后产生的一氧化碳排出。在楠溪江，因为阳光能走向到廊檐下，那里就设计了长长的栏杆椅取代火桶，供人晒太阳取暖之用。[②]在北方地区，人们因为取暖之需发明了火炕。总之，建筑空间的构成与形式处处烙下了生活的印痕。而生活是具体的，在中

①杨耀．明式家具研究．北京：中国建筑工业出版社，2002：43.

②陈志华．北窗杂记．郑州：河南科学技术出版社，2004：433.

国过去的住宅类型里，家具作为中国人几千年来具体生活的载体，呈现了世世代代人们对美好生活的追求，积淀着每个家庭生活无限的温馨，反映了中华民族独特的文化性格与特征。

建筑是社会与时代的镜子，任何建筑都是特定社会背景与时代特征的产物，处处受到特定时间与区域内社会生产力发展水平和人们精神审美文化取向所制约。对家具而言，也别无二致。从中国家具的发展历程来看，每个年代都有明显的时代足迹，不仅体现了当时的时代特征，更重要的是和当时的建筑形制与构造也一脉相承。正是中国建筑几千年来几乎“千年一律”的变化格局，才造就了中国家具在形制上的稳定性与一致性。

文化上，建筑与家具同是实用的艺术。在中国古时，不管是宫殿建筑，还是民用建筑，建筑都是世俗生活的中心，在其空间内，家具肩负起供人们起居安息之实用功用。其实，就精神功能来说，中国建筑自产生之日起，历史就赋予其一种观念、情感和仪式的象征，它是人们祭拜神灵与礼仪生活的场所。即使是在早期非常狭矮的空间里，人们“席”地坐卧，对“席”也有严格的礼仪规定与讲究，可见建筑的某些象征功能往往是通过家具来体现的。另如在故宫中，在其建筑群与个体建筑造型一种特殊的空间布局中，建筑担负起神圣、富贵、权威之功能，无论是走进哪一个宫殿，其室内整齐划一的格调，绝对对称的家具陈设，富丽堂皇的家具风格，使人无需踏入室内，光在门前观望，也能体会到家具是建筑的延续，是在继续完善建筑的功能。

5.4.2 影响之广

“人造房屋，房屋塑造人”。（丘吉尔）[1] 人与建筑的密切关系必然影响到人们生活日用的家具上。家具与建筑之关系，自古以来就非常密切，家具史学家杨耀认为：“家具式样是由建筑形式演变出来的，各国都是如此。”[2] 在中国，家具与建筑绵延相承，无论是造型、装饰、结构，还是风格上，建筑对家具产生的影响，胜过其他任何一种造物文化活动对家具设计的制约，其影响之广，不仅在过去发生过，而且在将来或更远的时代将继续延续下去。具体而言，中国建筑对家具的影响因素主要体现在如下几个方面（图 5－9）：

①孙景浩，孙德元. 中国民居风水. 上海：上海三联书店，2006：4.

②杨耀. 明式家具研究. 北京：中国建筑工业出版社，2002：17.

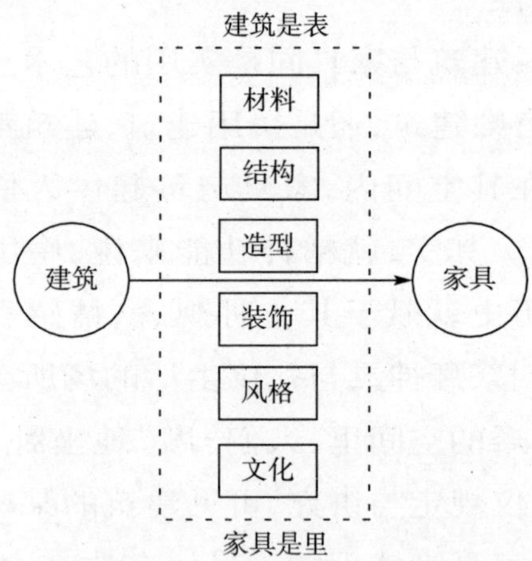

图 5－9　建筑对家具的影响

其一，材料因缘。材料是造型的基础，中国家具在造物文化方面的成就主要体现在木家具类别上。“木家具”几乎成了中国家具的代名词，最早的家具据推断也应是木制品。其实家具与木材的姻缘，主要是因为来自建筑方面的取材观。中国建筑取材方面选择了木材而不是石材，其原因有诸种，这里不作解释留作后文。中国家具师从建筑承制，在材质上认同了木材，自然为家具在结构、式样、造型、装饰等方面承袭建筑埋下了伏笔。

其二，结构承袭。“从结构上说，我国家具与我国建筑有着一脉相承的做法。在我国建筑的特点中，木结构表现最为突出，在木结构里卯榫的技巧最为奥妙。”[①]上文所述，中国家具选择了木材，势必在结构上也仿效建筑上木结构的做法。实际上，从造物者角度来看，木匠从事造房之作与从事家具之作有时并没有严格的分工限定。这样一来，建筑上的工艺作法肯定会直接应用于家具。据考古资料显示，中国早在六七千年前，在浙江余姚河姆渡的新石器时代遗址就发展了现存最早的榫卯结构件[②]。从中可以看出，中国很早以前就掌握了相当高的榫卯连接技术。在家具中，承袭了榫卯连接的结构，但其部件的连接相对建筑构件的连接，有时更复杂。同时，出于外观效果的需要，使得家具的榫卯结构比建筑更为复杂与精细。像工匠们发明的抱肩榫用于束腰家具，使得家具的腿足、束腰与牙条之间的结合天衣无缝，非常巧妙。

①杨耀. 明式家具研究. 北京：中国建筑工业出版社，2002：44.

②于伸. 木样年华——中国古代家具. 天津：百花文艺出版社，2006：4.

中国家具结构的师从建筑，最具本质意义的是其结构形式。从历史演变来看，中国家具经历过矮坐到高坐的变革，由此也形成了两大系列。与之相对应的结构形式是箱式结构与框架结构，而这两种结构上的做法与建筑中的壶门结构和梁柱结构师出一门。早期家具的结构在起源与发展中，受建筑木结构中的壶门形式影响，形成了“框架”和“芯板”组合的箱式结构。后来，家具形制受由低向高的演变影响，建筑梁柱结构做法也开始渗透到家具的箱式做法中，家具的结构出现了一些过渡形式，下部为箱式结构，上部为框架式结构，这种过渡到宋代才结束。[①]从宋以后，以梁柱式的框架结构取代了以前的箱式结构，为中国家具在明清的顶峰奠定了坚实的基础。

①张福昌. 中国民俗家具. 杭州：浙江摄影出版社，2005：46－47.

家具与建筑的结构趋同，暗示着中国传统家具的成熟。在仿效建筑梁柱结构中，家具主结构的腿足与支架取形于建筑的柱与梁；家具用作辅助支托以显稳固的牙子，恰似建筑的替木和雀替；家具腿脚间不同位置所设的连枨，宛如建筑立柱间的枋串；家具搭配花饰仿效于建筑的屋脊吻兽；[②]家具腿之上端向里倾斜，取意于建筑上大木构架角内的斜侧（宋称侧脚）；家具腿足上细下粗，颇具安定感，源于建筑上柱的收分；家具板面与腿部交接角点用的各式卷口以及镶嵌铜饰件与建筑也有同工异曲之妙。从这些大量采用与借鉴建筑的做法中，可以看到中国建筑对家具结构所产生的影响与作用是相当大的。

②张十庆. 建筑与家具. 室内设计与装修，2005，(4)：98－101.

其三，造型溯源。在"型因"一节中，笔者探寻了中国家具造型的"因缘"，主要是出于一种"比类取象"思维。其实在这种"比类取象"的过程中，不单是"比类"自然中的动植物，身边之物也是"比类"之对象，建筑无疑也包含在内。出于在结构上与建筑的相似性，家具在造型上模仿建筑更为容易。

家具造型上模仿建筑有许多表现。一种是造型外观上的直接仿效。例如：明代以后出现的架子床和拔步床，从结构与造型上看，宛如一个缩小比例的建筑空间，是家具建筑化的极端表现。一种是造型灵感取于建筑形态。比如：在唐朝，由于佛座和佛塔等佛教建筑的兴起，佛座与佛塔中的须弥座对后世家具造型的影响非常大，工匠们在其外观造型的启迪下，创造性地制作了一种有束腰结构的家具（图5－10），开创了“束腰家具”的先河。[①]此外，在造型形式上家具向建筑学习的内容也是非常多的，如家具在造型上的对称观与整体观等，也是受中国建筑的造型观影响所致。

①于伸. 木样年华——中国古代家具. 天津：百花文艺出版社，2006：85－87.

佛教建筑		束腰家具
须弥座	佛塔	
	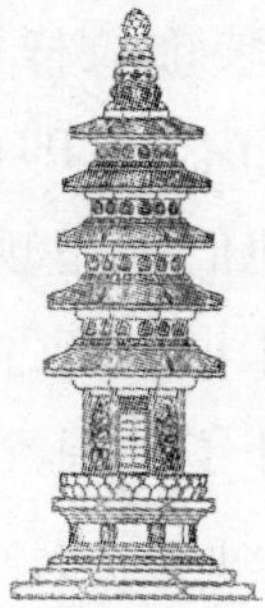	

图 5－10　束腰家具的造型溯源

其四，装饰仿效。家具的装饰与造型、结构相互关联，由于造型与结构上仿效建筑，装饰自然少不了来自建筑的制约与影响。“中国建筑是一种装饰的建筑，尤其是小木作，通常布满了雕琢的故事，即使是梁枋，大多非画即雕。”[②]实际上，在家具装饰上，无论是装饰图案、装饰题材、装饰色彩，还是装饰工艺，都是与建筑的装饰文化息息相关的。在造型方面，家具所受的影响主要来自于建筑整体形制与外观方面。而对于家具的装饰而言，除了一些结构性的装饰部件

②（台）汉宝德. 中国建筑文化. 北京：三联书店，2006：165.

外，一般所受影响主要来自于建筑的门窗形式。室内环境中，在中国人整体思维观与环境观等观念的影响下，家具的装饰风格上势必与建筑的门窗式样一致，以形成统一的格调。在具体的造制过程中，富裕之家，往往连住宅门窗的雕花装饰和家具一起定做，这必然形成两者在装饰风格上的相同或相似的痕迹[①]。门窗的雕刻、镶嵌、装饰纹样等，深深地影响家具的具体装饰手法。就拿窗花（即门窗的装饰图案）来说，古人非常讲究，在他们眼里现代窗户玻璃加窗框的形式太单调了，因而工匠们取自然物象的图案，利用虚实交替的方式，设计了独具个性的窗花装饰纹样。其交替的线条或简单纯粹，或堂皇富丽，具有典型中国风味，是具有强烈民族性的图样。中国窗花（图5－11）广泛应用于屏风、几案、桌椅等家具装饰中，

①李媛莉. 试论苏州传统民居木雕门窗的装饰艺术特点（学位论文）. 苏州：苏州大学，2004：21.

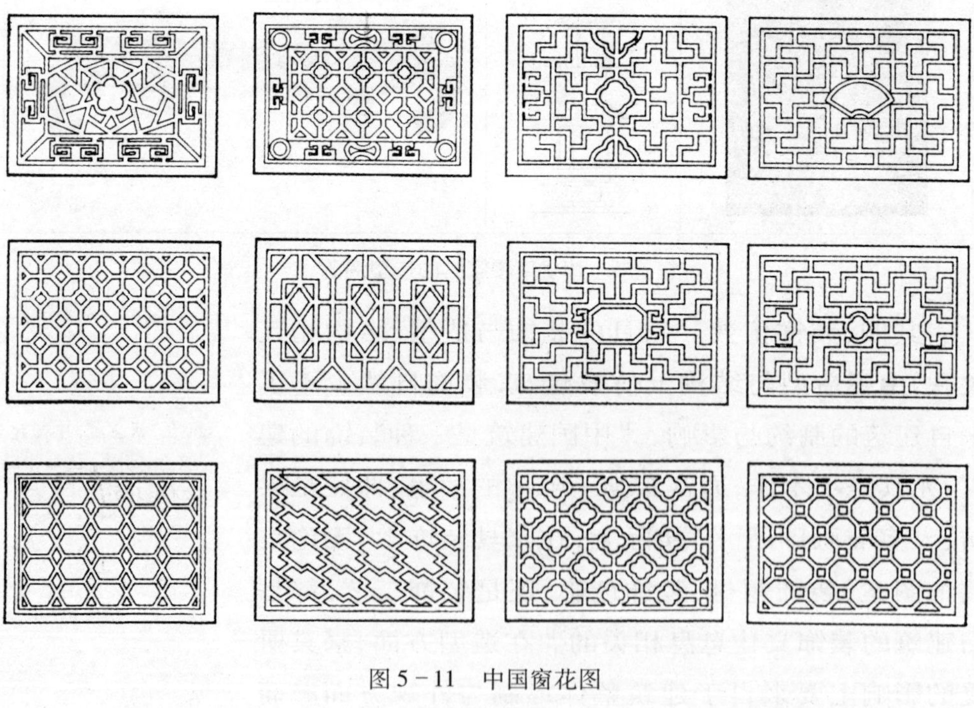

图5－11　中国窗花图

其花纹图案与家具和谐地结合在一起，形成完美的统一；其镂透空的雕刻巧妙地点缀在各式家具上，体现一种特有的风味。[①]图 5 - 12 所示的罗汉床，其厚重沉稳的底部与十字四簇云纹透雕的上围部分相结合，以一种透光舒朗的典型风范突显出妍秀之美。

①(台)杜玉婷. 窗花的古物今用. 装潢世界，1988，107(9)：207 - 209.

图 5 - 12　罗汉床

其五，风格相似。“家具是一种小型建筑”(英·菲里普·罗森)[②]，其风格建立在建筑风格之上。建筑的风格是一个时代社会物质文明和精神文明的反映。家具无疑深受其影响，其风格的发展与演变，一直与建筑的进步有着千丝万缕的联系。中国建筑在功能、结构与形式上的一致性，促成了家具在造型、装饰与结构风格上的整体性。数千年来，建筑结构上保持一贯的作风，也是家具形制与风格稳定的缘由。具体而言，建筑的神韵在家具中也有体现。在林语堂看来，中国建筑的成功，是“因为它能够摄取梅花嫩枝条的气韵——首先转化入书法的灵活生动的线条，然后转化入建筑的线条与型式”。[③]诚然，在中国建筑中，其大屋顶的弧线、波浪线、不规律韵律线与立柱的直线相调谐形成一种特有的线韵之美，这种线韵也深深影响着中国家具的造型风格。尤其是明式家具，有人称它为“线之艺术”。明式圈椅大弧线的扶手和曲线靠背与椅座下面结构件的垂直线与水平线相调谐，其

②(英)菲里普·罗森. 创造性设计. 见：潘鲁生. 外国设计艺术文献选编. 济南：山东教育出版社，2005：191.

③(台)林语堂. 建筑. 见：鄢斌. 建筑之美. 北京：团结出版社，2006：1 - 4.

结构构造的线条与建筑形制的线型有着异曲同工之妙，同样体现一种特有的线韵魅力。

其六，文化认同。文化上，中国家具与中国建筑因承袭中国文化，几千年来也是相互影响、相辅相成的，始终保持着相对独特的体系与风格。二者都在世界建筑体系和家具体系中占有着重要的地位，都是东方文化的典型代表。设计与文化息息相关，中国文化观念同时作用于中国家具与建筑设计，使得二者有着同样的文化溯源。丰富的中华民族文化底蕴是中国家具与建筑艺术成就的根基。比如："天人合一"的中国传统哲学文化观，不仅是中国建筑文化的典型思想，也是中国家具文化的独特理念。另外，建筑领域相对家具而言，无论是在范畴上还是在内容与形式上，都比家具复杂得多。建筑文化是一个民族文化的主要内容之一，它无疑对家具文化的形成影响最大，像建筑的环境观、空间观等都会具体反映在家具的造物文化中。

综上所述，家具与建筑相辅相成、相互影响。一方面家具的材料、结构、造型、装饰等方面都渊源于建筑，建筑艺术与文化是家具艺术与文化的母体；另一方面，生活影响着家具及陈设，家具反过来又影响着建筑及空间。

5.5 小 结

"人是环境的产物"（爱尔维修）。家具是人在环境中生存生活的产物。中国人在处理人、家具、室内、建筑与自然界的设计链过程中，形成了中国人特有的设计理念与思维。

在对待环境与自然界的问题上，中国人出于“求善”的心理，强调人与自然和谐相处，较早地形成了“天人合一”的哲学思想，与西方“主客二分”的意识形成了强烈对比。同时，“天人合一”的设计观也使得中国家具设计崇尚自然、师法自然、道法自然，追求人、家具以及室内环境的和谐统一，成为中国家具设计的精华。

家具的存在离不开室内小空间，也离不开建筑乃至地域之大环境。从小空间来说，中国人特有的整体思维与对称思维、空间观与风水观，促成了中国家具陈设与布置特有的格局。就大环境来讲，一方面，家具是建筑的缩影，中国家具与建筑一脉相承，从材料、结构到造型乃至整个文化观，家具都是在仿效建筑，中国建筑的独特性也造就了中国家具的民族性；另一方面，尽管在宏观上，中国各地域家具具有共同的东方神韵与特色，但不同地区由于在资源、气候、人文、经济与社会等方面的差异，也促成了苏式、广式、京式等众多家具风格与流派的形成，体现了中国家具的地域个性，也是“因地制宜”设计观的表达。

第6章 中国家具之特征——时缘求变

6.1 时移物易

——初异中，中异终，终不异初。（龚自珍[明]）

没有一个社会是静止的，每个社会都处在不断变化之中。自古以来，随着社会的发展、时代的进步，由于生活习俗、审美趋向、文化观念、工艺水平等方面的差异，家具设计会表现出不同的时代特征，有道是"时移势异，偏弊不同，则所尚亦因之而异"（《礼记·表记》）①。中国家具在几千年的发展中不仅形成了不同时期鲜明的时代风格，同时在家具风格变迁中也隐含着独特的演变规律。

①柳诒徵. 中国文化史（上）. 上海：上海古籍出版社，2002：89.

6.1.1 时代特征

任何家具作品都是时代的产物，每个时代由于上层建筑与经济基础所致，都会有各自相对稳定的风格特征，赋予家具作品以生命。中国家具的发展，历史悠久，自成体系，形成了强烈的民族风格。《韩非子》云："世异则事异，事异则备变。"②每个时代的家具由于人们生活事因的变更，加上时代审美情趣、文化特

②丁士峰. 科学研究方法论. 长沙：国防大学出版社，2005：47.

征、科学技术等方面的差异，促成了中国家具鲜明的时代风尚。自古以来，中国家具的演变尽管很难以时间相继的顺序划分出明确的时期特点[①]，但与时空交错的立体形式相对而言，还可以比较清晰地界定中国家具具有以下几个时期，且每个时期都有它自己相对稳定的时代特征。

①梁冰．也谈元代家具的风格．装饰，1999，(5)：68 – 70.

(1)雏形时期

从史前至商周、春秋战国时期是中国家具产生与萌芽时期，从坐具、卧具、承具、庋具、屏具到架类等不同器类与形制的家具雏形都是在这一时期形成的，为以后中国家具的发展与成熟奠定了良好的基础。在这一时期家具形式非常简陋，品种也较少，为了满足生活需要，家具体现了一物多用的要求。

史前阶段，“席”的产生揭开了中国家具的序幕，是早期中国人席地坐卧生活方式的物质保障。除此之外，“席”在中国家具史上具有更多的特殊意义，由它而形成的“席地坐”生活方式延续了几千年，并由此导制中国家具的矮型体系。同时透过席的品类与使用，席的实用与礼仪要求，反映了中国古代家具不仅是一种生活实用品，更是一种地位与身份的等级象征符号，家具的这种双重功能一直影响着几千年的中国家具文化。尤其是对家具礼仪性的关注与重视，从来没有一个国家的人们胜过中国人在这一方面的要求。

商周时期，被认为是中国历史上的青铜时代。各种青铜器的造型与装饰对家具产生了深刻影响，一方面出现了青铜家具，另一方面家具的形制与纹饰承袭了青铜制器的造型与纹样，如第 3 章“型因”一节中就已论述了有些家具的腿足就是从青铜器“取象”而来的。在这一时期，中国形成了一套森严分明的等级制度与礼仪规范,许多家具兼具礼器之用,蒙上了宗教色彩。造型上体现出一种威严之势,狞厉之美;装饰上多采用饕餮纹、云雷纹、夔龙纹等纹饰,呈现一种神秘生畏之态;[①]整体形制上器体朴素,多采用对称规整的格式。

①胡文仲.中国家具与中国传统文化现象(一),家具与室内设计.2003,(5):20-23.

春秋战国时期,诸侯林立,礼崩乐坏,传统意识失去了束缚,为家具的创新开辟了天地,出现了以楚式家具为代表的漆木家具。同时,由于铁器的广泛使用,家具制作工具得以革新,促成了家具生产工艺水平的提高。这一时期,造型上仍呈安稳低平之势,追求简便实用;结构上榫卯接合,简练清晰;工艺上广泛使用髹漆工艺和透雕与浮雕等雕刻手法;装饰上一反商朝的宗教神秘和周朝的井然有序风格逐步走向浪漫之情,出现了生动活泼的动物纹和反映生活情趣的场景纹饰。总之,该时期家具无论从造型、装饰、工艺上,还是在使用方式与品种上都达到了空前的高度,不仅影响了中国后世家具的发展,而且暗示着中国低矮家具繁荣时代的来临。[②]

②于伸.木样年华——中国古代家具.天津:百花文艺出版社,2006:44-48.

(2)发展时期

从秦汉到北宋时期,是中国家具的发展时期。在这一段时期低矮型家具走向了成熟,高型家具导入并迅速发展,使传统席坐起居方式的家具组合退出了历史舞台,并最终完成了这一过渡。

秦汉时期,其统一体制和文化建树,促成了宏伟、气势、力量等民族风格的形成[③],也迎来了中国低矮家具的鼎盛时期。秦代虽历时很短,但其开创了中央集权制的大一统的国家体制,奠定了两汉以汉文化为主流的坚实基础。国家的统一,必然导致政治、文化的一致和经济的繁荣。广厦之间,秦汉时期的家具在继

③田自秉.工艺美术概论.北京:知识出版社,1991:147.

承春秋战国时期家具品类的基础上，创造了许多新型家具，特别是“榻”——这一专用坐具的出现，促成了以床榻为中心的室内家具格局，也是低矮家具系列典型的组合方式。这一时期，家具中所蕴含的礼教意识逐渐淡薄，对实用的追求逐渐加强，低矮漆木家具在家具形制、品种、工艺、结构等方面，都得到了空前的发展，被认为是中国低矮家具的代表。造型上，敦厚简朴，强调实用与美观相结合；装饰上，手法仍以彩绘为主，漆色华美艳丽，装饰图案流水飞云、花纹优美，颇具绚丽多姿、生动活泼之艺术效果；工艺上，髹漆工艺在社会生产中普及应用，工种齐全，分工严密，技术精湛，使“漆木家具”成为历史典范；结构上，其榫卯结构类型趋于齐全和成熟，已初露“大木构架”系统的端倪。[①]

①张卓远. 汉代家具漫谈. 中州今古. 2000,(6):44-48.

魏晋南北朝时期，是中国历史上大动荡、大分裂持续时间最长的一个年代，尽管这个时代战争连连，改朝换代频繁，但没有阻止文化的发展。人们在思想上极为解放、极为自由，促成了这一时期艺术形式的变革与创新。台湾汉宝德先生就认为：“六朝[②]的艺术与建筑，在中国历史上是具有承先启后的作用的。”[③]这句话，同样可以用在中国家具上。文化的成因是相似的，文化的影响是相互的。魏晋南北朝是中国家具史上的一个特殊时期，战争造成民族间的融合，自由促成了佛教的传入，文化影响家具的形制变化是必然的。尽管从东汉末年就有高型家具的传入，但魏晋南北朝时期的佛教盛行和异域文化的传入，更是对中国当时传统的席地坐习俗文化极大的冲击。思想上的自由解放与外来文化的侵入，最终促进了胡床等高型家具在中国生根，并与中原家具相融合，使

②六朝指的是三国中的东吴、两晋中的东晋、南北朝中的南朝——宋、齐、梁、陈。这六个王朝建都在南京，是我国封建社会在南方最早建立都城的开始。

③(台)汉宝德. 中国建筑文化. 北京：三联书店，2006:62.

得中华大地上出现了许多高于传统铺地家具的新型家具，如矮椅子、矮方凳、矮圆凳等，以前坐卧之用的床榻等也在逐渐增高。特别是椅子的广泛使用与推广，潜移默化地改变了人们过去生活形成的"惯性"，垂足坐的生活习惯逐步在上层流行。这一时期，家具形制上仍以低矮家具为主，选材上日趋多样化，变化最大的应是家具的装饰。受外来佛教文化影响，广泛应用莲花、飞天纹、火焰纹等纹样，装饰题材中也出现了佛教符号和反映宇宙(天国)的新内容。

隋唐五代时期，迎来了中国家具发展的又一次高潮。经过魏晋南北朝高足家具的导入，家具的主流从低矮家具向高足家具过渡，从社会的高层到低层，从都市到乡村较为缓慢地演变，直到盛唐中晚期至五代时期，这种演变迅速加快，最终到宋代才完成这种演变。与魏晋时代比较，隋代的家具形制变化不大，唐朝盛世是中国封建历史发展的高峰，繁荣的社会经济，开明的社会风气以及兼容并蓄外来文化的博大胸怀，使得该时期的器物至今仍闪烁着历史的光辉，呈现出兴旺、华彩、博大、清新的大唐国风。唐家具一改先前的古朴之气，呈现出一代富贵华丽之风，造型浑圆、丰满、端庄，装饰清新、富丽、华美。[①]五代时期家具品种更加繁多，制作工艺精湛，高型家具逐步走向成熟，可以从五代画家顾闳中的《韩熙夜宴图》(图6-1)的描绘中了解到当时家具陈设与使用情况。总之，隋唐五代时的家具，一方面随着高型桌椅的使用，椅子形制的品类增多，向高型家具的过渡与演变速度在加快；另一方面，家具出于功能使用的要求，在向成套化方向发展，如坐卧类、承物类、贮藏类、屏架类等家具品种趋于完善。[②]

①刘红伟. 中国古代家具的发展与时代的关系. 天中学刊, 2005, 20(1):113-114.

②众达. 华丽润妍的大唐奇葩. 中国林产工业, 2006,(4):51-55.

图6-1 《韩熙载夜宴图》中的家具陈设

宋代家具是中国家具历史上的一个转折点。到北宋时期,中国终于结束了高、低型家具并存的上千年历史,高型家具完全得到了定型和迅速发展。这个时期供席地起居的旧式家具组合退出了历史舞台,家具陈设也由过去不固定的按需要随时设置改为相对固定的陈设格局。[①]"宋代是一个瓷的时代。"[②]宋瓷的朴素、典雅、简洁之美,在宋家具中也有明显体现。这一时期,由于起居方式已完全进入了垂足而坐时代,家具的品种、造型、结构和工艺也呈现出欣欣向荣、日新月异之景象,逐步形成了以桌椅为中心的生活习俗,家具品类趋于齐全,形制简洁实用,造型简练朴素,装饰清秀素雅。宋家具素中求丽、静中求动的整体风格奠定了明式家具简雅俊秀的基调,是中国家具走向成熟的前奏。

①聂菲.家具鉴赏.桂林:漓江出版社,1998:4.

②田自秉.工艺美术概论.北京:知识出版社,1991:150.

(3)成熟时期

北宋以后为中国家具的成熟时期。这一时期中国家具结束了几千年的低型形制,高型家具已经广泛应用于社会各个阶层,家具无论是从结构上还是从工艺上均逐渐走向成熟。从北宋至元代,高型家具已经呈现出百花齐放之势,并表现出比以往更工艺、更人文、更科学的构创思想。[③]元代历时很短,家具基本上师承宋式,但也有发展。形制上出现了抽屉桌这一新式样。结构上出现了霸王帐这一新形式。选材上多

③胡文仲.中国家具与中国传统文化现象(二),家具与室内设计,2003,(6):24-27.

选用极大极厚的木料，从不吝啬大料的使用。工艺上多采用髹漆、雕花、填嵌，且有不少发展。造型上，从腿足高束腰鼓腿膨牙到出头的搭脑等都有创新，有别于其他时期。装饰上，多采用圆雕和高浮雕，题材以花草为多见，喜欢用曲线纹样，缘于游牧民族之性。审美上，元代家具往往体现一种圆浑、粗放之态，云气流动之势。明式家具的形神兼具应是元代家具的外形与宋代家具的风骨结合而成。①

①梁冰.也谈元代家具的风格.装饰，1999，(5)：68－70.

明清时期是中国家具的鼎盛时期。明清家具的时代特征在第3章已有所叙，不再多述。就明式家具而言，它是中国哲学思想与文化观念在家具上的浓缩，体现了先进的造物思想与艺术成就，即使是今天，仍可以让中国人津津乐道、引以为豪。明式家具在形、质、工、用、韵等方面都达到了中国传统家具的顶峰，无论用什么华美的言辞来形容其优点都不足为过。这里笔者引用艾克教授的话来评论："中国明式家具装饰严谨，不带虚假，其合理性较直接地显现出有力的形式和实用的性质。这些制品的主要艺术魅力在于纯真，刚中有柔，及无疵的光滑匀称。"②从中道出了一个西方人对东方器具雅韵之美的由衷赞叹。清代家具是满汉文化、中西文化结合的产物。在清中前期，基本上延续了明式风格，华贵之中透着清雅；在中后期，文化的衰落让其灵感顿失，繁缛之中尽显媚俗，预示家具辉煌时代的没落。

②张双红.意韵之美——明式家具的艺术魅力.美术大观，2004，(3)：23.

6.1.2 演变规律

中国家具在漫长的历史长河中，给人类留下了丰富而宝贵的文化遗产，各个时期都创造了辉煌的艺术成就，体现了各有千秋的风格特征。从简陋的原始家具、神秘的商周家具、浪漫的春秋战国家具，到精美的秦汉家具、雅逸的魏晋南北朝家具、华贵的隋唐五代家具，演变到隽秀的宋元家具、雅致的明代家具和臃肿的清代家具，几千年来，中国家具经历了从简陋到精美、由低型到高型、由侧重实用到美用结合的演变过程。[①]在中国家具的嬗变中，尽管有时变化明显，有时变化微弱；有时演变快速，有时演变缓慢，但总的看来，透过家具的形制、造型、装饰、结构、工艺等方面，还是能读出中国家具演变的规律性。

①耿小杰. 中国家具史话——原始社会. 家具与环境，2005，(4)：34－39.

形制上，中国家具经历了从低矮型到高座型的演变。从原始社会席的出现，人们席地而坐，加上当时狭矮的建筑空间，决定早期家具的形制都是以低矮的面目出现的，席、俎、禁、几、案等都是当时特定时代背景下的产物。后来，由于种种缘由（第3章，椅之出现一节中已论述），以椅子为代表的高型家具自东汉开始，经魏晋时代的缓慢导入，到隋唐五代时期的快速推广，直至宋代，高型垂足坐的家具已在中原大地定型和普及，结束了上千年的高低型家具并存的时代。从此，中国高型家具快速发展，造就了明清家具的辉煌。在中国家具的形制演变中，家具的类别诸如坐卧具、承具、皮具、屏具、架类等品类家具，实际上在商周时代就已见雏形。不管形制如何变化，但家具的功能不外乎坐、卧、承、贮、隔、挂等，决定了家具品类的稳定性与一致性。此外，由于人们的生活水平、文化观念、审美情趣、工艺技术等方面的发展，每个品类中的具体家具形式沿着单一向多样化、不定型到固定型的规律逐步演进。[②]至明清时代，每类家具中都有繁多的品种，拿椅来说，就有宝座、交椅、官帽椅、灯挂椅、圈椅、玫瑰椅、靠背椅和太师椅之分；就凳而言，也有绣

②张锡. 从形制变化看中国古代家具的发展. 艺术晨家，2004，75(1)：134－135.

墩、圆凳、条凳、方凳和春凳之别。

造型上，中国家具大致经历了从席坐时期、床榻时期到椅凳时期的转变。在所有的家具品类中，坐具最具代表性，也是最能反映民族文化个性的，更是设计思想表达的载体。坐具是所有家具中使用频率最高的品种，人们的工作、学习、生活之用都与坐具息息相关，因而其造型直接影响一个民族的起居方式。"席"作为主要家具形体，决定了早期家具的低矮化，造型简陋，形式单一。床榻的出现是中国古代家具发展的一大突破，使家具造型逐渐由低向高发展，品种也日益繁多，形成以床榻为中心的低矮型家具造型体系。从宋以后，人们垂足而坐，椅凳等高型家具成为中国家具常用的主要形式。[①]从此中国家具造型百花齐放，多姿多彩，既有秀美、典雅、简洁的明式家具，又有豪华、繁缛、绚丽的清式家具；既有高贵、厚重、庞大的宫廷家具，又有书香、含蓄、高雅的文人家具，还有质朴、清新、自然的民俗家具。此外，椅桌成组配套的家具陈设也逐步程式化、固定化，成为中国家具典型的布局格式，也造就了家具造型风格的一致性和稳定性，奠定了中国家具在世界家具体系的地位。

①叶德辉，王斌辉．中国传统家具造型变化与文化分析．郑州轻工业学院学报，2003，4(2)：68－71.

装饰上，中国家具是沿着两条线索迈步的。其一是在民间，民俗家具以实用、经济为主，不重雕饰或略作雕饰，这类家具反映了劳动人民务实求真的本性，也是客观物质条件所致。其二是在宫廷，皇家贵族家具重雕饰，以豪华的装饰来炫耀其地位与权威，体现与普通家具的不同，正是在这种动力与象征意义的推动下，中国家具的装饰自古至今得到了长足的发展。从漆饰、雕刻、彩绘、镶嵌到釉彩等装饰手法的发明与完善，到清代各种装饰手法演绎到如火如荼的地步，清式家具也将中国家具的装饰性推上了顶峰。值得说明的是，介于两者之间的明式家具，它是特定时期的产物，是为文人雅士所作，既没有宫廷家具的霸气又没有民间家具的俗气，体现的是一种文人的雅气。明式家具的风格是不刻意装饰，一方面，许多装饰“似是而非”，如牙子、券口、卡子花、矮老、罗锅枨、霸王枨等结构性装饰巧而自然，不刻意做作；另一方面，也通过开光、亮脚、绦环板、三变腿、鼓彭牙、蚂蚱腿等装饰小件略作点缀，不取繁缛，简而不乏。[①]

①缪同强. 小议中国家具的发展与演变. 科技信息,2006,(5):32.

此外，结构上，中国家具与建筑一脉相承，由于形制的变化，家具结构也经历了从箱式结构到框架结构的演变。具体而言，木家具的榫结合方式也是随着时代进步与造型变化而不断创新与发展的，常见的燕尾榫、锲钉榫、套榫、龙凤榫、抱肩榫、插肩榫、明暗榫等形式的出现，都是中国家具结构与造型相统一的产物。工艺上，从青铜家具、漆木家具、雕刻家具到镶嵌家具，家具的制作工艺一直伴随着家具形制的变化而发展，有时形式在改变，而工艺没有变；有时形式没有变，而工艺在前进，二者相互促进，也促成了中国家具的多样化。材料上，也许受加工工具与取材观的影响，早期家具大都以软木或柴木家具为主，明代以后，木工器具的改良加上硬木材料的丰富等原因，开辟了中国硬木家具的新纪元，也是中国家具民族性的体现。

总之，“与时推移，应物变化”[②]（《史记》卷百三十）。中国家具历经众多朝代的变更与演变，从材料、结构、工艺、造型、装饰到形制上，都围绕时代的进步、社会的发展和人类生活方式的变化而变革，形成了耐人寻味、独具一格的东方家具体系。

②冯友兰. 中国哲学史(上). 上海:华东师范大学出版社,2005:130.

6.2 道以器载

——道者器之道，器者不可谓之道之器。（王夫之《周易外传》卷五）

“形而上者谓之道，形而下者谓之器”（《易·系辞上》）。在中国人眼中，“道”是没有形体的，是抽象的，故谓之“形而上”；“器”是具体显现的有形物体，所以叫“形而下”。“道”、“器”作为一对哲学范畴，其特有的哲学观对中国器物设计产生了深远影响。“道者，日用事物当行之理”（朱熹注《中庸》），对“事中之理，物中之道”的苛求，是中国家具形成的本原，也是中国家具在其长期发展与演变过程中永驻光彩的缘由之一。

6.2.1 神“事”“理”宜

明代方以智认为：“践行者神，理泯于事，物自献理，事贵时宜”（《通雅》卷首二）[①]。“神事理宜”是笔者取最后一个字来概括中国家具对待“事”与“理”之关系的处理方法。《韩非子·解答》中也认为：“理者，成物之文也”。“理”是万事万物赖以形成的法则和规律，这种哲学观一直左右着中国家具的造物活动。柳冠中先生根据设计的“事”、“理”关系，创立了“设计事理学”的理论与方法。在他看来，“设计，看起来是在造物，其实是在叙事，在抒情，也在讲理。”[②]实际上，中国古代家具设计活动尽管没有现代设计事理学的理论做指导，但由于受到中国传统思想中“天下物皆可以理照”（程颐《遗书》十八）等哲学观的制

①北京大学哲学系中国哲学教研室. 中国哲学史. 北京：北京大学出版社，2006：358.

②柳冠中. 事理学论纲. 长沙：中南大学出版社，2006：76.

约，其设计行为中也自觉或不自觉地遵从了“由事及物，由情入理”的规律表达。

（1）物理类动

“万物之理，各依类而动”（《乐记》）。尽管理是万事万物存在的依据，是物质世界的所以然，然而事物中的道理各有所异，并且古人对“万物异理”的描绘有许多。诸如：《解老》中说“万物各异理，而道尽稽万物之理。”[①]宋程颐在《遗书》十八中写到“有物必有则，一物须有一理”[②]。明朱熹在《语类》卷十八中曰：“物之各具此理，事物之各异其用，然莫非一理之流行也。”[③]

中国家具作为“器”之一种，必然受到来自“器”之理的制约。“理”寓于家具之中，家具则体现造物活动的原“理”。从人类产生之日起，人们在征服自然、改造自然中，逐步认识了客观事物的规律，掌握了造物之理，开创了人类文明的先河。并且，随着社会的发展和时代的进步，经济与技术水平的提高，人们对客观规律的认识有所发展，也促成了家具造物水平的改善。明代朱熹认为“道者，日用事物当行之理”（朱熹注《中庸》）。“理”反映一个事物生成之道，体现某个具体事物的一般规律。从第一件家具原形的诞生就意味着人们在长期的生产实践中掌握了家具的材料之道、结构之理，发现了家具的工艺之道、造型之理。对家具材料、结构、工艺、造型等方面“道”、“理”的深究，是中国家具自古以来从造型、装饰、品类到形制等方面发展与演变的缘由。材料与工艺上，正是人们掌握了不同材质的属性和加工工艺，才使得中国家具拥有从木家具、藤家具、竹家具、青铜家具到陶瓷家具等不同品种。结构和造型上，正是人们最早

①北京大学哲学系中国哲学教研室．中国哲学史．北京：北京大学出版社，2006：109.

②北京大学哲学系中国哲学教研室．中国哲学史．北京：北京大学出版社，2006：267.

③北京大学哲学系中国哲学教研室．中国哲学史．北京：北京大学出版社，2006：287.

发明榫卯结合并创造了各种各样的结合之道，才使得中国家具在木家具中独树一帜，也成就了明式家具在造型上的完美无缺。装饰上，正是人们在不同时期创造了不同的装饰之道，造就了丰富多彩的家具装饰形式，才成就了清式家具的辉煌。形制上，正是人们对生活之理、生活方式的变更与认识，才促成了中国家具由低矮向高足家具的过渡与演变。

（2）格物穷理

“格物”一词源于《大学》中的“致知在格物”，后来学者对其有许多释义。朱熹认为：“格，至也；物犹事也。穷至事物之理，欲其极处无不到也”（《大学章句》）[①]。程颐也说：“格，至也，如祖考来格之格。凡一物上有一理，须是穷致其理”（《遗书》十八）[②]。从中可以看出凡物必有其理，要想了解事物就必须研究其理。用“格物穷理”的思辨观看待中国家具就是要对中国家具进行认理、循理、求理。每一种家具之所以存在，必有其理，若无其理，则此家具将会或淘汰或弃置。既然“理”存于家具之中，那么中国家具中的“理”又是如何体现的呢？笔者认为中国家具自古以来，一直追求一种合理。所谓合理，“是指合乎客观规律，合乎时代观念，合乎社会准则，合乎人类理想。合理是指合乎真理——主客观的统一。合乎美的法则——真与善的统一。”[③]中国家具的合理是中华民族“以和为贵，以和为美”哲学观的体现，是不同时代追求美的过程中所形成的观念，是中国人整体思维观的表达。同时，家具的合理体现在对“事”理、“物”理、伦理、生理、情理和心理等“理”的整合与调谐。

其一，深究“事”理。古人云：“夫事有条理曰理，即在事中，今曰理在事上，是理别为一物矣”（《论语

①冯友兰. 中国哲学史（下）. 上海：华东师范大学出版社，2005：268.

②北京大学哲学系中国哲学教研室. 中国哲学史. 北京：北京大学出版社，2006：269.

③柳冠中. 事理学论纲. 长沙：中南大学出版社，2006：26.

①冯友兰. 中国哲学史（下）. 上海：华东师范大学出版社，2005：311.

传注问》)[1]。又有“天地,人物,事为,不闻无可言之理也”(《孟子字义疏证》卷上)[2]。又曰:“夫道之在天下,何物非道?千涂万澈,因事作则”(宋·陈亮《与应仲实》)[3]。在人、物、事的关系中,是先有人事,才有物为。凡事都有一理,是因事造物的原则。中国人在其生产、生活中形成了许多家事、国事、天下事,这些事是形成家具造物之理的依据。例如,在中国民俗家具中儿童推车(图6-2)是为了抚养儿童一事而造的,围绕这一事,家具工匠必须研究推车的结构、尺

图6-2 儿童推车

寸、造型、材料等造物之理,最终才创造出深受人们喜爱的形制。在第3章“事因物缘”一节中,笔者探究了事与物之间的关系,其中在事因与物为的中介,还存在一种“理”。“未有这事,先有这理”(《语类》卷九十五)[4]。这种理是先于事而存在的,只要我们认识了“事”中之理,那么由事理必然生物。中国家具在几千年的发展中,正是人们在生活之事中不断发现了造物之理,才造就了中国家具不同时代下的日新月异。

其二,追寻“物”理。宋代叶适认为:“物之所在,

②冯友兰. 中国哲学史(下). 上海:华东师范大学出版社,2005:314.

③北京大学哲学系中国哲学教研室. 中国哲学史. 北京:北京大学出版社,2006:304.

④北京大学哲学系中国哲学教研室. 中国哲学史. 北京:北京大学出版社,2006:284.

道则在焉，物有上，道无止也。……道虽广大，理备事足，而终归之于物，不使散流”（《习学记言》卷四十七）[①]。在中国文化中，事物是一个整体，光有事没有物，则流于形式；专注于物而淡薄于事，则过于狭隘。物既是行事的手段，又是事毕的结果[②]。在中国家具设计中，围绕坐、卧、承、贮、隔、挂等事，创造了不同品类的家具。在具体的每类家具的制作中，肯定离不开“物”理的探求。家具的“物”理，主要体现在家具的形制、结构、工艺、制造等方面。在长期的造物活动中，中国家具工匠掌握了一套相对完整的家具造物之理。就结构而言，明式家具采用燕尾、格肩、槽口、包肩、粽角等数十种接榫方式，既显示出一种坚固稳定的造物之理，又可以从各种凹凸连接和数理转换中读出古人对物理、物性的探究。

①北京大学哲学系中国哲学教研室. 中国哲学史. 北京：北京大学出版社，2006：306.

②柳冠中. 事理学论纲. 长沙：中南大学出版社，2006：7.

其三，满足生理。实际上，在“物”理之求过程中，也包含对家具与人之生理关系的理解。尽管古人在家具制作中没有人机工程学的理论指导，但从中国家具中也能体察到家具结构、尺寸与人的生理特征相匹配的情形。例如：明式圈椅中大曲率的扶手、弯曲而倾斜的造背板，是适应人自然状态下脊柱的“S”形与后仰休息而设，其关键部位的尺寸与造型对应着人体尺寸和结构特征，与人的生理结构相吻合。再看宫帽椅，它是南方应科举之风，专为求学人士所用而制作的坐具。据分析，材质上，原木的采用是出于养生的需要，原木之椅与人和环境融为一体，相互平衡。功用上，坐在上面，靠背与两个扶手、承脚、坐垫等共同构成7个着力支撑点，使人体的压力分布较均匀，避免因久坐受力单一而引起的劳累感。同时因为是学习之用，不能太舒服，太舒服会让人犯困，而实际上官帽椅也因为形制上的宽大，靠背的垂直与座高的升高使人坐上去并不舒服。如此看来，即使是现在，官帽椅也是设计的上乘之作。[①]此外，从生理角度来看，垂足坐比席地坐要舒服得多，从家具形制的变化也可以看出中国家具对生理满足上的追求。

①张传寿. 椅子浅析明代官帽椅. www. design. cn,2006 - 07 - 31.

其四，宣扬伦理。在第4章“仁礼之道”一节中，实际上就已阐明中国家具伦理之道。伦理包含政治与道德双重内涵，中国人对皇权的敬畏和道德的宣扬，使得伦理上的要求高于生理上的满足，这也许是中国坐具类家具普遍形制较为宽大的原因之一。在外国人眼中，或以现代设计观来看，尽管中国明式椅有符合生理的一方面，但整体上还是感觉坐上去不舒服。正是出于“伦理”上的要求，才使得坐具中产生了不同的形制，用来体现不同的身份与权力的象征，如“龙椅”只有皇帝能坐，“玫瑰椅”专为女子而作，“官帽椅”则为文人求官人士之用。

其五，合乎情理。清叶燮云：“至理存焉，万事准焉，深情托焉”。“当乎理，确乎事，酌乎情”（《原诗》）[②]。中国人为人处世最讲究合情合理，造物也是如此。“情”是感性体验，“理”是理性思辨。情理的融合是设计中感性与理性的统一。学者胡潇认为：“艺术的发生与进取，艺术的成功与价值，往往在于情动于理，理发乎情；以理养情，以情喻理；理为情宗，情为理纵；情理交融，一体无间。”[③]从中道出了情与理之间的关系，也表明了情对理的作用与意义。中国家具中的情理体现在特有的诗性思维之中，中国人特有的诗画、诗心、诗情、诗意构成中国家具特殊的情理，在第4章“诗意人性”一节中已述，不再多议。

②易中天. 易中天谈美学. 上海：复旦大学出版社,2006:254 - 255.

③胡潇. 文化的形上之思. 长沙：湖南美术出版社,2002:249.

其六，探究心理。“一切艺术，莫不传情喻理，建筑在情理浇灌的心理基础上。”[①]对情理上的追求，也是出于心理上的需要。中国人在其家具造物活动中，透过其物理属性、生理特性、伦理人性、情理个性等，能感受到中国人特有的一种民族心理性格与特征。出于农耕文化的影响，一种安稳求实的心理追求，在中国家具上有明显的表露。受“天人合一”哲学观的制约，中国家具也形成了一种特有的自然之思、心理之求。前有所述，各种体现等级与地位的“礼仪”家具，以及体现诗情画意的“人性”家具，既是中国人“仁礼”心理的满足，又是中国人“情感”心理的实现。

6.2.2 道器合一

“道”不仅是中国哲学的基本范畴，也是中国美学的基本范畴。在中国人的造物活动中隐藏着对“道”的认同。晋代的司彪注《庄子》云：“造物谓道也。”[②]李政道先生也曾在自己的雕塑《物之道》上题写：“道生物，物生道，道为物之行，物为道之成，天地之艺物之道。”[③]从中可以看出，通过造物的“器”来载道，“寓道于器，道器合一”构成中国古代造物活动中的“道”“器”观。

“道”“器”观也深深影响中国的家具设计。家具设计中的“道”，应是工匠或设计者“形而上”的思考，运用创作法则和抽象规律，表达内心情感和审美观，体现一种自然、伦理等制器之道。家具设计中的“器”，应是具体的具有视觉效应的家具形态，包括制作时赖以依存的材料、结构、工艺等。家具设计过程应是“道”与“器”的关系处理过程，二者相互依存，互为因果，缺一不可。[④]从现代的观点来看，“道”是指设计理念、设计思想，“器”是指具体事物的设计内容与

①胡潇. 文化的形上之思. 长沙：湖南美术出版社，2002：249.

②李倍雷. 试论中国传统造物观念. www. design. cn，2006－06－02.

③田颖拓. 论易学文化对现代艺术设计的影响. www. xaad. com，2004－02－8.

④吴江. 明式家具的“道”、“器”之美及对现代产品设计的启示. 包装工程，2006，27(5)：10－11.

形式。任何好的作品，应该是“道器合一”的典范，就是说既要有好的理念、又要有好的表现。从这样一个角度来看，明式家具之所以能成为举世公认的“良器”，就是因为它是“道器合一”的典范。作为文人士族文化物化的产物，明式家具通过文人雅士的广泛参与设计，灌输了先进的设计理念（在第3章明式家具中已有所论），这种先进的造物之“道”，改变了家具的式样风格和审美标准，赋予了更多的文化内涵与审美情趣，使得明式家具在结构、材料、造型及装饰上，处处散发出特有的书卷气息和文化感悟，体现着“道器合一”的关系。

总之，在中国人眼中，家具是生活之道的体现，“道”存于日常生活一事一物、一举一动之中，“道”与“器”、“道”与“事”是合一的。同时，中国人对“道”与“器”的关系处理中由于受到中国传统哲学观念的影响，还体现出如下一些思想：

（1）重道轻器

“道”是中国文化的精神核心，天地万物各行其道，即“天道”、“地道”和“人道”。“道”是天地万物存在的依据和现实世界的本原，也是社会的理想状态和人生的最高境界。[①]从儒家的求道、道家的体道，到禅宗的悟道，都反映了中国人对道的过分追求，由此形成了中国学术思想中普遍存在的一种重“道”轻“器”、重“文”轻“技”的倾向，重视事物的总体特质及与环境关系的探究，而轻视对器物及具体技能的研究。[②]《论语》中就认为：“君子不器。”《易·系辞上》也曰：“形而上谓之道，形而下谓之器。”这种君子“坐而论道”[③]，将制器视为下等人的劳动思想，深深影响中国古代器物制造观。

①蔡俊生，陈荷清，韩林德. 文化论. 北京：人民出版社，2003：296－297.

②张岱年，方克立. 中国文化概论. 北京：北京师范大学出版社，2001：184.

③语出葛洪《抱朴子·用刑》篇，曰：“通人扬子云亦以为肉刑宜复也，但废之来久矣，坐而论道者，未以为急耳。”

"重道轻器"观使得中国人对待"道"与"器"的关系上发生了极大的倾斜。道是最重要的、最根本的,器是次要的、无关紧要的。在家具的制作上,一方面,"谈道论道"的文人君子崇"上"而鄙"下",不愿从事生产实践,轻视甚至不愿正眼看待家具及制作家具的工匠;另一方面,处于社会下层的工匠,尽管有代代相传的、鬼斧神工般的技术,但由于知识的贫乏和限制,缺少"道"的支撑,使得他们的家具之作缺乏一种深刻的精神内涵,甚至被贬为"奇技淫巧"[①]。

总之,"重道轻器"的观念使得制作中国家具的工匠与懂"道"的君子之间出现一道明显的"鸿沟"。家具工匠们更多地关注于经验的总结和技艺的磨炼,使得家具制作缺乏理论的提炼与研究,即使有也是零碎的,或就事论事而已。所以,中国家具史上尽管出现"明式家具"的辉煌成就,但是中国人没有将其设计思想加以概括,没有将其设计之道加以推广,进而形成一种现代设计理念,这可谓中国家具的最大遗憾。

(2)明道计功

设计源于"制器造物"的人类劳动,源于生存和生活。很早以前,在中国人的造器活动中就明白了造物的"功用"之道。"明道计功"源于明代颜元在《四书正误》卷一中"正其谊以谋其利,明其道而计其功。"[②]的思想概括。《易·系辞上》也说"备物致用,立功成器,以为天下利。"清代谭嗣同又认为:"道必依器而后有实用"(《上欧阳瓣疆师书》)[③],从中可以看出,功用之道从"器物"的产生之日起,就成为中国人的造物原则。

中国家具作为一种器物,器以载道,其所承的道

①吴江. 明式家具的"道"、"器"之美及对现代产品设计的启示. 包装工程, 2006, 27(5):10-11.

②北京大学哲学系中国哲学教研室. 中国哲学史. 北京:北京大学出版社,2006:392.

③北京大学哲学系中国哲学教研室. 中国哲学史. 北京:北京大学出版社,2006:441.

与理有很多,上一节已经分析了很多。但据笔者认为,对具体的造物之"道"而言,中国人很早就认同中国哲学中的功利主义思想,发展了功用主义思想。在具体的家具设计中,人们是以实用、审美、象征等功用要求在行事。

实用之功能,是中国家具从起源到演变过程中一直遵循的首要原则。"把一件用具磨成光滑平正,原来的意思,往往是实用的便利比审美的价值来得多。"[①]"人最初是从功利观点来观察事物和现象,只有后来才站到审美的观点上来看待它们。"[②]从艺术的起源来看,实用先于审美。从先秦时代,中国人就确立了"以用为本"的原则。从《易传》的"备物致用",《老子·第十一章》的"埏埴以为器,当其无,有器之用"。《管子·五辅第十》的"古之良工,不劳其智以为玩好,是故无用之物,守法者不生",一直到汉代王符认为"百工者,以致用为本,以巧饰为末"(《潜夫论·务本》),宋欧阳修认为:"于物用有宜,不计丑与妍"(《欧阳文忠公文集》),王安石曰:"要之以适用为本,以刻镂绘画为之容而已。不适用,非所以为器也"(《临川先生文集》),再到清李渔在《闲情偶寄·器玩部》中所说的:"凡人制物,务使人人可备,家家可用","一事有一事之需,一物备一物之用","造物立柜,无他智巧,总以多容善纳为贵",等等[③],可以看出,从来没有一个民族在造器制物中,对"实用"之要求有中国人这样坚决地贯彻始终。

①(德)格罗塞.艺术的起源.蔡慕晖译.北京:商务印书馆,1996:89.

②(俄)普列汉诺夫.论艺术.曹葆华译.北京:三联书店,1964:93.

③高丰.中国器物艺术论.太原:山西教育出版社,2001:25-27.

审美之功用,也是中国家具自产生之日起就认同的造物原则。"一件不对称的武器,用起来总不及一件对称的来得准确;一个琢磨光滑的箭头或枪头也一定比一个未磨光滑的来得容易深入。……根据上述的情形，我们如果断定制作者是想同时满足审美上的和实用上的需要，也是很稳妥的。”[①] 出于审美上的需要，中国家具很早就创造了多种装饰手法，形成了中国家具特有的装饰之道，这些在第 3 章“缘饰”一节早已阐明，不再多叙。

①(德)格罗塞. 艺术的起源. 蔡慕晖译. 北京：商务印书馆，1996：89－90.

象征之功用，也是中国家具“道器一体”中隐含的造物准则。自古以来，家具不仅是一种“器”物，同时还承载着中华民族的神权、皇权、夫权，以及人们的伦理道德和价值观念，体现一种象征意义。尤其是透过先秦时代礼仪家具(如俎、几、案、席、禁等)中的材质、形制、纹饰及使用的数量和陈设的位置等各个方面，我们可以清晰地看出使用者的地位、等级、名分和权力等。从某种意义上说，家具的象征之道使家具超越了其本身的基本存在价值，使家具拥有更加深奥的精神内涵和文化体悟。

综上所述，中国人的道器观可用图 6－3 加以表达，笔者将宋代著名画家晁补之的诗略作变动来说

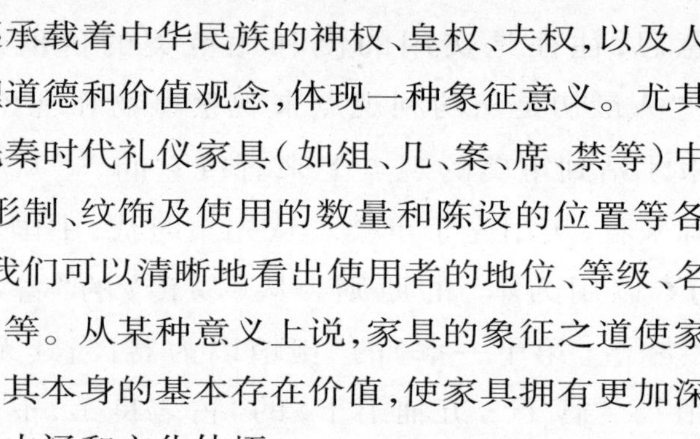

图 6－3　中国家具设计的“道”“理”

明，“器写物外道，要物道不移；形传器外神，贵有器中理。”[②] 对器物的“道”、“理”非常关注，强调形神结合，古人尚有如此严格要求，对于现代家具设计而言，我

②晁补之《鸡肋集》卷二中曰：“画写物外形，要物形不改；诗传画外意，贵有画中态。”

们从中可以得到启示。

6.3 造物之美

——美是造型艺术的最高法律。(莱辛《拉奥孔》)

中国是一个具有宏博且精深文化底蕴的国家,数千年文化精髓的光芒辉映出万事万物的演变与特征,也折射出有形事物的造物原理与审美。马克思认为,人也是按照美的规律来塑造物体。[①]在中国家具的形成与演变中,无时无刻不体现出美的制约与体察。尽管在各个时代由于所处的物质和精神文化水平的不同,形成了相对鲜明的时代审美特征,但中国传统审美文化精神透映着中国家具的睿智、唯美和风采,体现了许多共性。在笔者看来,从中国家具中折射出来的形韵、饰秀、色雅和质润,是中国家具文化的精华,对今天的家具设计也有深刻的启迪作用。

①(德)马克思.1844 年经济学—哲学手稿.转引于胡潇.文化的形上之思.长沙:湖南美术出版社,2002:237.

6.3.1 形韵饰素

(1)形韵

相对于西方家具,中国家具从"形"方面来说,最大的特征是体现一种特有的中国"韵"味。中国审美文化上,"韵"是一个重要的研究范畴。其实,经籍上并无"韵"字,汉碑上也无"韵"字,最早的"韵"字大概出现在汉魏之间,如曹植《白鹤赋》"聆雅琴之清韵",应是现今发现的最早的"韵"字出处[②],意为意韵、声韵。后来,"韵"扩展用于书画领域,如南北朝谢赫《古画品录》中就有气韵、体韵之说,到宋代则推广到

②徐复观.中国艺术精神.上海:华东师范大学出版社,2001:100.

一切艺术领域,作为艺术作品审美的最高标准。这样一来,"韵"味成为审美意象的一种规定与要求,任何艺术作品都可以要求有"韵"味。据宋代范温认为,巧丽、雄伟、奇、巧、典、富、深、稳、清、古等各种风格的作品,只要"行于简易闲澹(音淡)之中,而有深远无穷之味",都可以有"韵"。[①]

①叶朗. 中国美学史大纲. 上海:上海人民出版社,1999:308-311.

"韵"作为各类艺术作品追求的最高目标,也是中国家具极力推崇的审美特征。那么中国家具的"韵"味是如何体现的呢?笔者认为中国家具的"韵",主要是通过家具的"线"形律动加以体现的。

中国人对"线"情有独钟,从其文化起源之初,就与"线"结下了不解之缘。中国的汉字,很早就掌握了用线之道,利用曲线来描绘物象与轮廓,较之巴比伦的楔形文字(难于变化)及埃及的实体象形文字(需要阴面填黑)要便利得多。基于中国文字而形成的中国书法则是中国人精神的一种象征,将文字中的"线条"演变成中国人特有的一种艺术形式。从图6-4中千姿百态的"寿"字线律变动中,我们不得不为中国人对"线"的创造而折服。至于中国画,仍然利用"线条"来描绘意象与事象,也是一种独具特色的艺术。再看中国建筑,它与西洋建筑结构沿着两条路线发展,除了企求与自然相调谐之外,也受中国书法的影响,将书法中灵活性的线条,演化成建筑艺术特有的线条与型式,在林语堂看来,这是中国建筑的成功之处。[②]

②(台)林语堂. 建筑. 见:鄢斌. 建筑之美. 北京:团结出版社,2006:1-4.

由此看来,"线条"在中国人眼里,不仅是一种造型元素,而且被演绎成一种民族艺术形式。长期以来,"线条"在中国传统艺术中运用得淋漓尽致,在家具中也被赋予了一种独特的民族特性。像民间家具中的木雕，通过线的分割，借助于物体的边缘线来强化轮廓线的表现。同时，由线与点构成的装饰图案，使线的表现和整体轮廓形成浑然而有力的节奏感，体现一种特有的舒畅之韵味[1]。

[1]辛艺华，罗彬. 从武陵家具木雕艺术的风格看土家文化与汉文化的互渗. 华中师范大学学报，2003，42（6）：119－124.

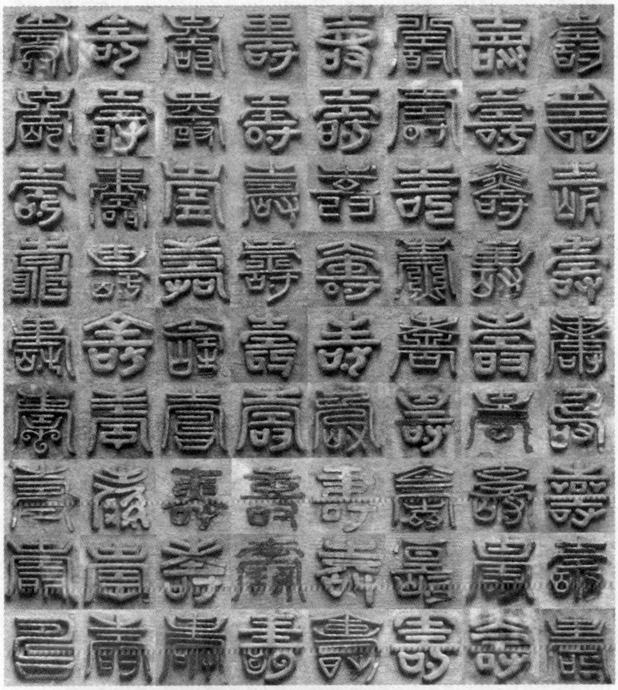

图6－4 木雕上的“寿”字

在中国家具中，明式家具可谓是“线”性艺术的代表，透过其直线与曲线的形式，可以读出其诗句般匀整和谐的结构与韵律。明式家具的线条应用比比皆是，既有直线与曲线交融出的整体线型，像明式圈椅中的下方上圆之造型等体现一种曲线与直线的审美结合；又有变化颇多的部件线型，如明式椅子搭脑就有圆形、扁圆形、方形三种基本形式，在此基础之上，还有更多形式发展，可谓千变万化，各具形态；还有神态各异的线脚造型，颇有趣味和意韵；再有丰富多彩的装饰线，像雕嵌、图案及纹样、装饰结构件的线条处理，使家具处处体现出一种特有的线韵（图6-5）。[①]总之，明式家具造型的线形，是中国传统中“线”的文化与艺术在家具上的凝聚与展现，与西方家具追求一种容量和体积的形式感相比，中国家具从中国书法与建筑上吸收灵感，通过“线”的造型与装饰，强调“线”的表现与活力，体现了一种独具民族个性的线韵之美。

①张远群，王文宁. 论明式家具造型中线条的应用. 木材工业，2001，15(3):17-19.

图6-5　明式家具中的“线韵”

(2)饰素

老子认为:“天得一以清。”从先秦开始,中国哲学就产生了明确的尚清意识,从某种意义上说,“中华民族是一个‘尚清’的民族,中国美学是一种‘尚清’的美学。”[1]在审美上,“清”的意识体现一种对自然、天然的追求。在尚清审美观的影响下,具体的造物装饰活动则表现为一种返朴求素的追求。

①樊美筠.中国传统美学的当代阐释.北京:北京大学出版社,2006:73.

装饰上的“素”,是中国传统艺术精神的深层追求,也是贯穿于中国器物装饰的主线。从孔子所谓“文质彬彬”,强调质与文的统一,至庄子的“既雕既琢,复归于朴”,从绚烂之极归于平淡之饰,再到《易·贲卦》显现的贲道(装饰之道)的最高境界是“贲之盛极而当反质素”(梁寅《周易参义》)、“饰极则实伤”(韩康伯注《周易》)等,可以看出,中国艺术审美与精神中具有最终极意义上的装饰应是“饰极返素”之饰,如同“大音希声”、“大象无形”、“大巧若拙”,是一种超然之境。[2]

②李砚祖.造物之美.北京:中国人民大学出版社,2000:71-72.

从家具装饰方面看,装饰上的“饰极返素”表现为“归趣本真、淡美自然”的特征。就漆饰而言,在明代,民间家具的漆饰比较简朴,许多婚宴家具喜用红漆,吉祥喜庆;文人士族家具则多取淡赫浅褐,或取材质本色,以寻求一种淡雅天然之趣。特别是利用蜡饰工艺对家具进行处理,充分呈现了材质的天然纹理和色泽之美。在结构装饰方面,象牙头、牙条、券口、花饰等结构装饰件,与家具整体造型浑然一体,没有任何矫揉造作之感。在雕饰或镶嵌上,明式家具的装饰是精雕细琢,常以小面积的点缀形成一种虚与实、凸与凹、光滑与粗糙、明与暗的对比,以饰增华,在统一中求变化,在变化中求素雅。[3]

③刘森林.中国家具经典艺术长廊.家具与室内装饰,1999,(6):41-45.

总之，中国家具尽管自古以来创造了许多装饰之法，并出现了清式家具一类的装饰精品，但从主流来看，从大众的审美来看，与西方家具一直以来强调装饰性相比，中国家具的求“素”应是装饰中的一种特有原则与规律。从早期家具的纯朴、魏晋五代家具的飘逸、宋代家具的雅致、明式家具的秀美，无不是中华民族“尚清”哲学的反映和“饰素”审美的隐现。

6.3.2 色雅质润

(1)色雅

“雅”作为一种文化，体现的是一种“书卷气”。中国的文人，大多尚“雅”，“风度要儒雅，衣着要淡雅，趣味要高雅，言谈要文雅，摆设要典雅。”[①]学者尚刚认为：“优雅是中国工艺美术的高明之处，也是其他国度不具备或颇欠缺的最大艺术特色。”[②]“雅”作为一种美学风范和境界，表现的是一种清新、素雅、端庄之风格。“雅”在家具上的体现应是造型上的简练、装饰上的朴素、陈设上的恬静和色泽上的清新。

①邓牛顿. 中华美学感悟录. 北京：社会科学文献出版社，1999：271.

②尚刚. 天工开物：古代工艺美术. 北京：三联书社，2007：14.

这里，笔者重点谈谈中国家具在色泽上的整体崇雅观。就家具色彩而言，它应是家具本身视觉效果及在环境中渲染作用得以体现的重要因素。家具色彩主要来自三个方面：其一是家具主体材料自身的色彩（即材质本色）；其二是家具配件（五金件）和装饰件（如镶嵌件）所呈现的附加色彩；其三是家具经过涂装等人为加工工艺所呈现的装饰色彩。前一种体现的是“质”的特性，后两种则表现的是“文”的个性[③]。中国人在文化上强调“文质彬彬”，追求“文”与“质”的和谐统一，实际上使得中国家具既强调“质”色的体现，又重视“文”彩的应用。

③李敏秀. 古典家具置色特点探析. 家具与室内装饰，2003：(1)：24－27.

自古以来，中国人对“色”的运用就有“色多不鲜”的看法。《老子》中就认为：“五色令人目盲。”五色指的就是“青、红、黑、白、黄”，与阴阳五行相对应，这几种颜色被视为正色，其余的颜色为间色。“雅者，正也”（《毛诗序》）。雅与俗相对，上层社会人士尚雅的心理，促使了他们选用高贵之正色。所以在汉代长沙马王堆汉墓出土的“楚式”家具，多采用“黑”、“红”二色搭配使用。后来，由于封建皇权的影响，人们对天神（黑色）的崇拜，转向了对大地（黄色）的敬重，黄色成为帝王宝座的主色调。从先秦两汉到后世家具，家具的置色往往是以某一色为主调，甚至只用一种色彩，对于附加色彩，则常常在选用时更多地考虑其内容及象征意义。总的来说，中国家具色彩上的雅致之感应归因于魏晋时代雅俗文化的兴起及明清时代雅文化的发展。尤其是明式家具，装饰上的尚清审美，反映在色彩追求上的朴素自然及无矫揉造作。在这样一种要求下，家具采用木本色，不施油漆，应是最好的选择。透过木材本身的中性、温和之色彩，家具更显典雅别致。特别是紫檀、花梨等硬木材质纹理与色彩相得益彰，深受文人雅士或上层阶级欢迎与欣赏。[①]

（2）质润

“质感各有其独自的秩序，这种体验是不能被其他东西代替的，不是用语言所能表达的，需要直接地用肌肤接触或用眼睛观看，才能有生理的直接的感觉。”[②]对器物而言，质感来自触觉方面的感受非常重要。从中国器物中可以读到中国人对“触觉”的敏感。同样是“玉”的雕刻，只有中国玉有触感，所以在中国文化里，产生了“玉”的文化，这是独有的。中国后来的瓷器与早期的玉器一样，为中华民族所独有，

①李敏秀. 古典家具置色特点探析. 家具与室内装饰，2003：（1）：24－27.

②（日）小形研三，高原荣重. 园林设计. 索靖之，任震方，王恩庆译. 北京：中国建筑工业出版社，1984：72.

除了造型之外，其材质的温润应是中国文化的人文本质体现。

透过对“玉”的喜爱和“瓷”的赏识，可以看出中国人是一个非常重视“触觉艺术”的民族。其实，这种个性我们也可以从中国人对家具质感的关注中感受到。家具是人们生活所用的日用器具，它最接近于人体，其触觉之感也是非常重要的。从中国早期产生的漆饰家具中就可以透见中国人对“质润”的追求，漆饰家具与玉有着同样的品质特点，都有一种温和润滑之触感，所以从战国到汉代有地位和身份之家的桌几皆为漆饰[1]。再看辉煌时代的明式家具，尽管不施油漆，但其圆浑润滑的各种构件、部件，通过与人体的头和手等部件发生关系，能让人体察出一种光滑油润的舒适感。尤其是明式椅子中的靠背板，其“S”形曲线与人体脊柱生理的相匹配，使人靠上去更能获得一种由衷的舒畅。总之，从玉、瓷到家具，反映了中华民族对触感之追求以及性格上的细腻与圆滑。

①(台)汉宝德. 中国建筑文化. 北京:三联书店，2006:55.

6.4 小　结

家具是时代的产物，任何时代的家具都会具有相对稳定的时代特征。尽管中国文化的稳定性使得中国家具一脉相承，体现“千年一律”的特征，但随着朝代的更替，中国家具也在不断变化、不断自我完善，体现了与时俱进的特点。从“礼仪”的商周家具、庄重的两汉家具、飘逸的魏晋家具、华贵的隋唐家具、典雅的宋元家具、简秀的明式家具到繁缛的清式家具，中国家具在形制、造型、装饰及结构等方面体现了一种独特的演变规律，也反映了中国家具时缘求变的民族追求。

在中国家具的长期流变与文化积淀中，也形成了自身特有的设计价值观与审美取向。就“形而上”而言，中国家具“以器载道”、“道器合一”。重道轻器的中国人，在家具的设计与制作中，既强调家具的“事”理、“物”理、生理、伦理、情理、心理等方面的“理”性思维，又追求实用、审美、象征等功能之“道”。中国家具的合“理”重“道”，造就了中国家具在设计理念上的先进性以及明清家具的辉煌。就“形而中”的家具审美而言，中国家具具有鲜明的时代审美特征及民族审美爱好，“形韵、饰秀、色雅、质润”，既是中国家具审美文化的精华，又是对中国家具造物之美的提炼，在现代家具设计中也是值得提倡的。

第7章　中国家具之生成——形缘求美

——正如每一位艺术家必须使自己的语言为人所知一样,每个民族也都必须让其他民族听到自己的声音,这个艺术家所属的民族也不例外。这种内在的联系反映在形式中,它构成了作品的民族因素。(康定斯基[俄])

7.1　质料因

艺术赋予形式来实现其目的,设计同样始于形式,形式依靠材料使其具体化。亚里士多德认为,事物的成因包括质料因和形式因两个方面。老子也说:"朴散则为器",即整块的材料经过分割可以加工成各种器具[①]。可见质料是构成一切事物的基础。在中国家具的造物活动中,由于中国人特有的民族个性使其在家具的质料选择及审美方面,采取了一种与西方迥然不同的态度。

① 徐恒醇. 设计美学. 北京:清华大学出版社,2006:13.

7.1.1　取材之缘

"建筑是表,家具是里"(杨耀)。中国家具的选材观源于建筑。具体而言,对木材特有的嗜好成为中国家具鲜明的民族个性。学术界对于中国建筑(当然包括家具）为何取材于木材而不是西方的石材的说法挺多。概略说来，侯幼彬先生在《中国建筑美学》中列举了几种：一是刘致平先生的“就地取材”之说，认为中国古代文化发源地黄河中下游及迤南一带盛产木材而少佳石，促成了木建筑的形成。二是徐敬直先生的“中国经济水平低下”之说，认为中国人的生计基本上是依靠农业，经济水平较低是木结构房屋的成因。三是李约瑟先生的“早期缺乏大量奴隶”之说，认为中国各个时期未曾有过西方文化所采用的奴隶制度形式，西方可在同一时候派出数以千计的人去担负石工场的艰苦劳作。四是李允鉌先生的“技术致因”之说，认为中国人很早就从技术层面上突破了木结构不足以构成重大建筑物要求的局限，较早地掌握了夯土技术和大空间木结构体系，促使中国土木建筑发展。最后，侯先生自己提出了“综合推动”说，认为中国的木构是产生于“土”文化的木构，是“土”与“木”的结合，同时，社会人文因子中“礼”的制约作用也对木构架体系产生作用，木构架体系是多因子合力作用的结果。[①]此外还有学者认为中国人以木构房的原因是木材易加工，对石材了解甚少，同时石材垫灰材料不过关也是不能选用石材建房的重要原因[②]。

以上多种说法，更多的只是从技术、材料、人力、结构等层面来看待中国人选用木材做材质的缘由。其实从文化的角度来看，笔者倾向于台湾学者汉宝德的论述。“中国人选择木材，不是为省钱，不是因为技术上的落后，只是代表一种价值观。”[③]凭中国人的聪明才智，并不是不会使用石材建屋，只是选用木材更能体现中国特有的人生观。在中国人生精神中，建筑

① 侯幼彬．中国建筑美学．哈尔滨：黑龙江科学技术出版社，2000：5－10.

② 孙景浩，孙德元．中国民居风水．上海：上海三联书店，2006：197－198.

③（台）汉宝德．中国建筑文化．北京：三联书店，2006：27.

除了居住，更多体现了一种生命的象征和价值的符号。中国建筑不必求永恒（石的建筑），建筑的存在，只是完成主人的使命，随着主人的生命节拍而存在，随着家族的兴旺而蔓延，所以近代历史上许多豪门家族都留下了宝贵的建筑遗产。鉴于这些精神上的缘由，中国人选择了木材作为主要的建材，木材是向上生长的树木，喻示着生命。对于木材的易腐不能保存长久，中国人并不在乎。从兴建、完成到倾塌，建筑的生命，也反映人生的精神，一代人做一代人的事，建筑或因主人的事业飞黄腾达而兴起，或因子孙的衰败而沉寂破蚀。总之，从对"木材"的特别关爱上，更多地可以读到中国人的民族个性和人生精神。

除了木材，中国家具的质料选择其实也是多方面的。实际上文明的早期，材料是时代断代的主要依据，从石器时代、青铜时代到铁器时代等，材料使用的变更也暗示文明的进步和科技的发展。就器物的角度来看，从陶器、瓷器、玉器、漆器、青铜器、金银器、木器、骨器到竹器，这些以材料来命名的器物，表明材料构成了器物的物质基础和基本内容，人们成为凌驾材料之上的上帝。就家具而言，少量金属（青铜、铁银等）家具、陶质家具、竹藤家具、石材家具等也是中国家具家族中不可多得的品类，只是以漆木、硬木、柴木为主的木质家具构成了中国家具的主流，因此把中国家具喻作"木质的诗篇"非常恰当。[①]

① 高丰．中国器物艺术论．太原：山西教育出版社，2001：300.

7.1.2 材美物实

材料不仅是家具造型的基础，而且是家具艺术审美的表现载体。中国家具审美中，"材美"是主要特征，《考工记》中就有"材有美"之说，《髹饰录》中也有

"美材如五行"之观。明代文震亨曾主张家具用材要选用"花梨、铁力、香楠"等花纹自然的文木,在其画案上就刻有这样的篆书铭文:"材美而坚,工朴而妍,假尔为冯(凭),逸我百年。万历乙未元月充庵叟识。"[①]"材美而坚"的确道出中国人对木质家具的选材之道,所以,只要条件许可,硬木材质是家具首选的木料。古代高档家具的材质,多以硬木制作。明式家具的形成,从"材美"的角度来分析,对硬木材质的苛求也是其质量优良的主要原因。那时中国硬木资源并不丰裕,只是由于明中叶经济繁荣,海禁开放,促进了印度、缅甸和东南亚一带出产的硬木不断地输入中国,客观上保证了明式家具加工制作的材源,使得中国人的"材美"之求成为可能。

明式家具是中国古典家具的代表,其吸引人之处,首先应在"材美"上,这点可以从古董家具市场上看出。名贵的黄花梨、紫檀家具价格是普通的老红木家具的数倍甚至数千倍。黄花梨家具之所以在众多的材质中脱颖而出,除了其诗意的名称外,其色泽上的不静不喧,纹理上的行如流水、若隐若现,配以温润如玉的质感和不裂不翘的特征,充分展现了黄花梨木材的自然美,也为优雅形式的设计与制作奠定了坚实的基础。除此之外,紫檀的沉穆庄重、鸡翅木的绚丽迷离、铁力木的苍郁古朴等木材品质(图7-1),都是相应的家具所体现的主体性格与总体印象,也影响家具的造型与装饰风格。[②]材料在整体风格中有如此的重要性,这在其他艺术品类中是极其少见的。

①左亚琳.苏式家具江南文人的心灵之约.东南文化,2000,(2):125-126.

②张金颖.西方收藏中国古典艺术品的趋势和原因.福建艺术,2000,(1):45-47.

名称	木纹	名称	木纹	名称	木纹
紫檀		红木		榉木	
紫檀		红木		榉木	
黄花梨		酸枝木		楠木	
黄花梨		鸡翅木		桦木	
花梨		鸡翅木		瘿木	
花梨		铁力木		柚木	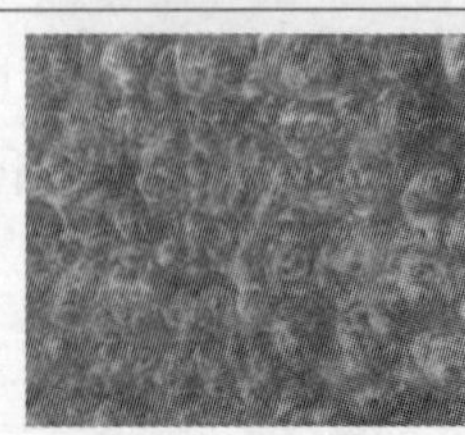

图7-1 木材的纹理

孟子曰:"充实之谓美"。中国工艺美术与器物造型宛如中国人实实在在的性格,一直提倡"就材加工,量材为用"的原则[①]。如《墨子·节用篇》中曰:"轮人为轮,斩三材必以其时。三材既具,巧者和之。"春秋时子罕说:"天生五材,民并用之"(《左传》卷三十八)。《考工记》曰:"审曲面势,以饰五材,以辨民器。"《庄子·养生主》中也说:"依乎天理,因其固然。"就材料而言,中国人从不苛求,认为它只是为达到我们的目的而存在的,所以在中国家具的制作中,强调材料的综合应用,出于硬质材料的珍贵及大材稀少,常常只是在一些关键部件及装饰小件上采用硬质材料,颇有"惜料如金"之感。

① 设计与民间文化五人谈. www. biz. 163. com, 2005-09-03.

家具的具体制作中,有"三分下料七分作"的俗语。"三分下料"强调的就是工匠要对木材材质进行合理选择、搭配,体现"劣材优用、小材大用"的原则。这种原则对于一些资源不足的地域更为重要,在木材的配料中,民间流传的口诀是:"框料腿料选硬料,镶板花板选软料。坐具必选硬木做,柜橱要选材质好。先选面料和腿料,柜门屉面留好料。侧面背面搭配做,内框底板剩余料。"[②]该口诀对于"口传身教"的工匠尤为重要,也是中国民间对材料搭配的合理认识。此外,由于地域上的差异,造成了树种的差异,如南方的樟木、榉木、鸡翅木、橡木、樱桃木、杉木、黄杨木等,北方的槐木、核桃木、水曲柳、香椿木、柳木、椴木、楸木、榆木等。不同地区树种的差异,也会相应造成色泽、纹理及质地上的差别。这些木材本质上的差异再加上制作工艺和风格的差异,促成了中国家具丰富多彩的地域特色,并形成了独具个性的中国南北方家具珍品。

② 路玉章. 中国古家具鉴赏与收藏. 北京:中国建筑工业出版社,2006:16.

总之,在中国人眼中,视材料为材料,材料因物而存。一方面,家具选材注重木材的质地。透过硬木家具质地细腻、色泽沉静、纹理优美,反映了中国人对纯粹、率直、纯真、自然的艺术个性的追求。另一方面,"因材致用",合理搭配材质。家具制作中尽可能利用可得到的木质材料,使材料各尽其用,加上高超的制作水平,同样可以制作出家具精品。

7.2 结构因

——连接,连接。最终它不过是一些细节,但这些细节却赋予产品以生命。(许美琪)

宋代张载云:"天之生物也有序;物之既形也有秩"(《正蒙、动物篇》)。[1]就是说,任何事物的生成必须有一定的秩序和结构组织。结构是事物构成之理。就思维而言,中国人善于从结构的角度分析元素,注重研究整体构架中的功能关系,有着朴素"系统论"倾向,这点与西方强调从元素的角度来探察结构的"机械论"倾向有着明显的区别。[2]在这种"结构"思维方式的支配下,中国家具效法建筑,较早地形成了一种榫卯之合的结构体系,从其体系中,能领悟到中国人特有的一种模数观和格物之精神。

7.2.1 模数之作

德国设计师米斯·凡德·罗普说:"我们可以在什么地方找到比老的木建筑更伟大的结构和理性秩序呢?在别的什么地方我们可以找到材料、结构和形式的统一呢?这里储存了世世代代的聪明才智。"[3]其实,用米斯的话来形容中国家具的木结构真是恰到

① 冯友兰. 中国哲学史(下). 上海:华东师范大学出版社, 2005:230.

②卢晓辉. 中国人审美心理的发生学研究. 北京:中国社会科学出版社,2003:122.

③ 潘鲁生. 外国设计艺术文献选编. 济南:山东教育出版社,2005:114.

好处。从中国家具木结构之中所品察到的哲理，可以看出中国人非常聪明。中国人善于从结构中解剖元素，善于将复杂的事物简化，像八卦中的一条不断的线和一条间断的线的搭配与组合，阴阳之搭配演绎着万事万物之生机，阴阳之道也影响着几千年来中国人对待人生与造物的态度。再看中国家具的结构，说白了家具之间的连接无非就是榫卯之接合，体现一种凹与凸之间的关系，这种凹凸两种基本要素的变化与组合，被聪明的中国古人发展成了庞大完整的家具木结构体系。这里似乎印证了一个规律，事物构成体系的基本构成要素越少反而越复杂，变化越丰富。[①]

其实，中国家具的榫卯结构不仅是凹凸关系的体现，而且也是"模数"设计理念的较早表达。在德国学者雷德侯看来，中国艺术的辉煌成就，追究其缘由，应该是因为中国人发明了以标准化的零件组装物的生产体系。这可以从中国的汉字、青铜器、兵马俑、漆器、瓷器、建筑、印刷和绘画的创作加工中去考证。如果中国人没有发展模件[②]化生产的技术手段，很难想象古代艺术品的庞大数量是如何产生的，秦皇时代数以千计的兵马俑，17 至 18 世纪中国向西洋出口的数以亿计的瓷器，11 世纪由大约 3 万件分别加工的木构件建造而成的木塔，等等，无不是模件化生产的结果[③]。

从这些模件中，我们可以看到，中国人设计造物的"模数"概念。所谓模数，应该是指在生活中所反映的尺寸与生产工程中反映的尺寸之间所规定的一种基础尺寸单位。[④]按照爱因斯坦的话来说，模数是"一把使劣者难为而优者易做的比例尺。"[⑤]在中国古代，工程和艺术界都非常讲求"法式"、"定式"，像宋

① 田家青．明清家具鉴赏与研究．北京：文物出版社，2003：21.

② 模件即是可以互换的构件。见：（德）雷德侯．万物．张总等译．北京：三联书店，2006：22.

③（德）雷德侯．万物．张总等译．北京：三联书店，2006：4.

④ 章利国．设计艺术美学．济南：山东教育出版社，2005：55.

⑤（法）德卢西奥－迈耶．视觉美学．李玮，周水涛译．上海：上海人民美术出版社，1990：57.

李诚撰写的《营造法式》，其突出的特点是采用模数，设计定型化、构件标准化、构件预制和装饰施工等方法，充分体现了模数化设计思想。还有清代的《工部工程做法则例》中，强调利用斗拱的断面尺寸来确定或测量建筑物的主要构件的尺寸。[1]

受建筑之影响，家具结构上沿袭建筑不仅仅体现在结构形式的相似性（第5章第4节已详述），更重要的是发展了建筑的榫卯之合。到了明代以后，工匠们将榫卯结构和家具结合的方法，发展到了极致。榫卯种类繁多，有明榫、闷榫、格角榫、半榫、长短榫、燕尾榫、夹头榫等。不同形式的榫结合不仅满足了功能、造型与装饰上的需要，而且使得家具构件之间的拼接非常巧妙，外观上甚至天衣无缝，结构上坚实而牢固[2]。其实，在家具的榫卯结构中也隐含着一种模数观。我们可以大胆地假定，如果这些榫卯的凹凸构件之间没有一种尺度基准，很难想象明式家具可以任意拆卸，不用钉且少用胶，也能达到结构上坚固和外观上的完美。其构件之间的连接正是一种模数关系的体现，这种模数的规定，尽管不是现代设计中标准化体系，没有一个统一的尺寸规定，但在每件家具的装配之中，在每个工匠的制作之中，其客观存在是肯定的。它常常铭记在木工们的“匠心”中，也可能刻印在木工工具的“械心”中，像工具中“锉”的宽度常常是“孔”或“槽”的参照标准。

再者，从家具的整体结构体系来说，中国家具基于某种模数的榫卯结构上，又发展了相对稳定结构的“模件”体系。从中国家具的结构性演变来看，前期的箱式结构及后来的框架结构，其做法大多是既成“法式”，即是由某些固定的结构配件组装而成的，只是由于这些

① 陈志华．北窗杂记．郑州：河南科学技术出版社，2004：328.

② 陈鸿俊．论明式家具的美学特征．美术大观，2006，（6）：38－39.

配件在造型、装饰及尺寸上的差异性，才造成了家具在形制上的不同。像在跨度较大的结构之间，可以镶以牙板、牙条、券口、圈口、矮老、霸王枨、罗锅枨、卡子花等结构性部件，这些部件可以说是家具赖以造型的基础，也可以看成是家具结构中的“模件”。叶利塞耶夫再三强调：“中国人首先规定基本要素，而后通过摆弄、拼合这些小部件，从而创造了艺术作品。”[①]在中国家具不同品类的形制中，在每个时代的家具中，我们可以将家具结构还原成单个部件，每个家具品种一般是由相对固定的家具“模件”组拼而成的，像圈椅就是由椅圈、靠背板等模件构成（如图7－2所示）。正是这样，才造成了中国家具整体风格的一致性，同时也使中国家具将其结构演绎到了一种合理、合适之美。

①（德）雷德侯．万物．张总等译．北京：三联书店，2006：2.

图7－2　圈椅的模件

7.2.2　格物致用

在“格物穷理”一节，笔者探讨了中国人在哲学思辨上强调研究事物之理。其实就结构而言，中国人也强调“格物”。明人王艮在《答问补遗》中就认为：“格，如格式之格，即絜矩之谓……矩正则方正矣，方正则成格矣。”其中的“格”，就是度量事物的意思，或者是使事物成为一定格式[1]。诚然，要制作一物体，必须研究事物的结构。每个事物的结构都有一定的构成规律，“格物”就是要求我们研究事物的形成过程，以求事物的结构规律。

就家具而言，中国人通过“格物而穷理”，从远古时代就认识了家具构造的规律与道理，家具如同房屋，它完全是一种有目的的结构，是人按照人的目的而建造出来的。因而中国家具在结构上一直在追求一种致用主义倾向，家具的结构之美更多地寓于其结构的合理性和合目的性之中。

(1)结合方式

在结构结合方式上，中国家具以其合理的榫卯构造赢得了世人的尊重与赞赏。“无论中国家具的尺度、线条和设计是如何漂亮，其结合方式都是简单的槽接、榫卯及木销，它们构成中国木工制作的精髓。”[2]尤其是明式家具，将自然材质的物性发挥到了极致，无与伦比的结构设计使家具不动不摇，坚实牢固，构建起完善的实用功能。

一般说来，榫卯形式主要有半榫、透榫、长短榫、单榫、双榫及走马销等。从功能及用途来看，既有用于板材结合的“燕尾榫”、“明榫”；又有用于横竖材结合的“格角榫”、“穿鼻榫”、“丁字榫”；还有在一些特殊结构中使用的“插肩榫”、“勾挂榫”、“粽角榫”、“楔钉榫”等[3]，图 7－3 是一些常用的榫卯结构形式与用途。这些复杂而巧妙的榫卯结合，榫头与卯眼之间，完全可以不用钉子，鳔胶粘合也仅是一种辅佐，其连接之合理，工艺之精确，扣合之严密，结构之稳定，似有天衣无缝之感，充分展现了古代工匠们的妙创。

① 北京大学哲学系中国哲学教研室．中国哲学史．北京：北京大学出版社，2006：347.

② 王叶．明式家具的文化精神和设计意义．美术观察，2005，(11)：96.

③ 陆志荣．清代家具．上海：上海书店出版社，2002：108－109.

名称	用　途	图　示
抱肩榫	用于束腰家具的腿足与束腰、牙条的结合。	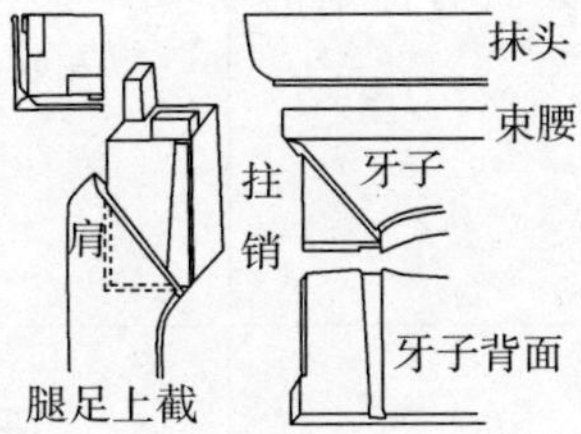
格角榫	用于横竖材的连接。	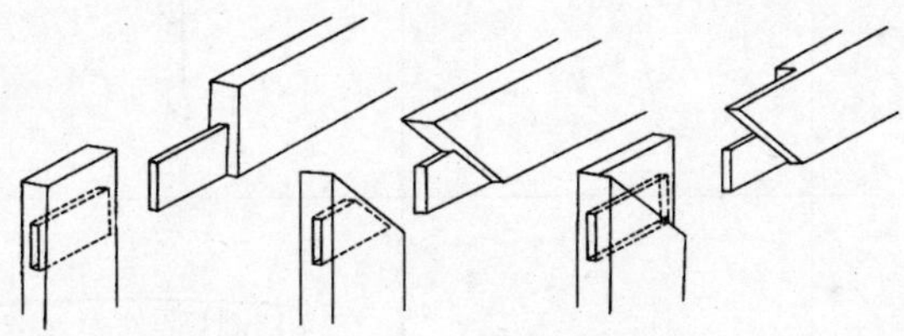
夹头榫	用于案形结体家具中四足与案面底面的卯合。	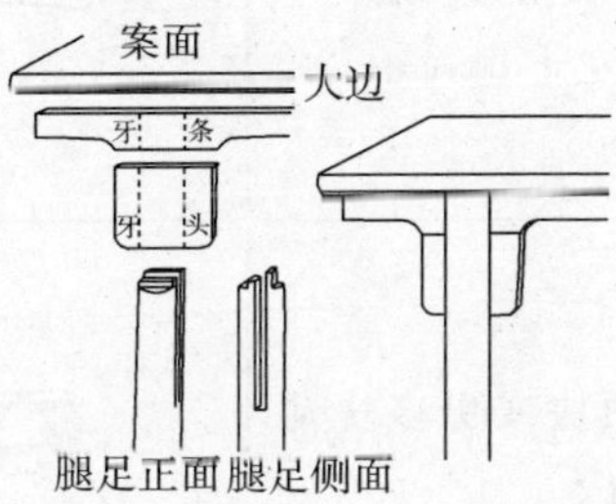
插肩榫	案形结体家具中常用的榫卯，外观与夹头榫不同。	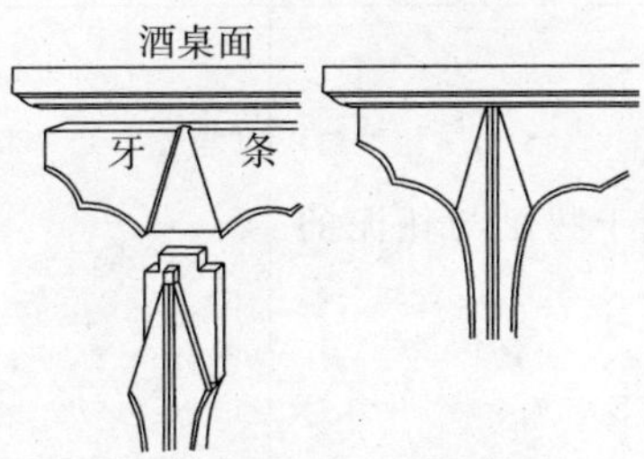

霸王枨	用于桌面与腿足的连接。	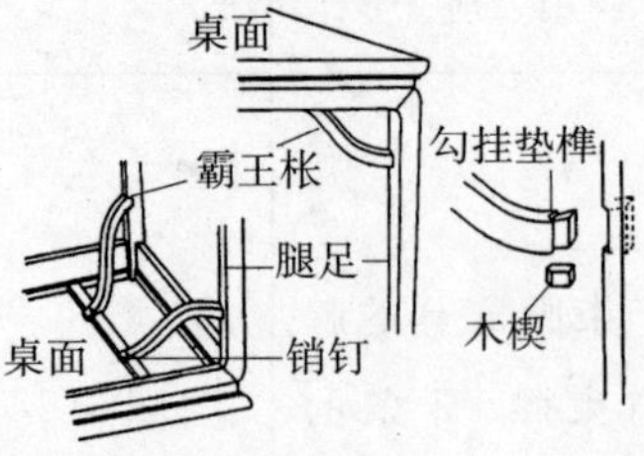
走马销	安在可装可卸的两个构件之间。	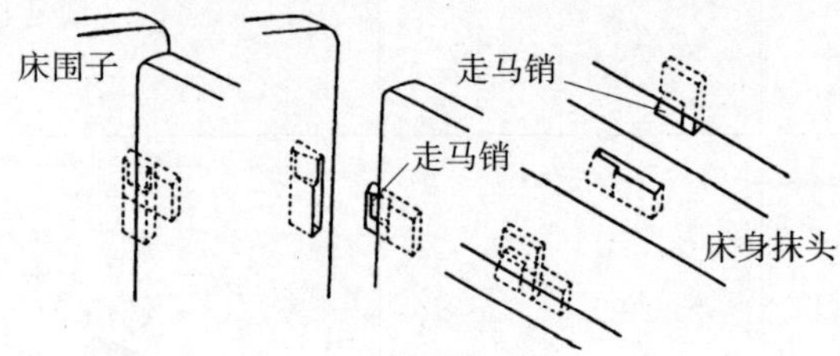
楔钉榫	用来连接弧形弯材的一种巧妙榫合。	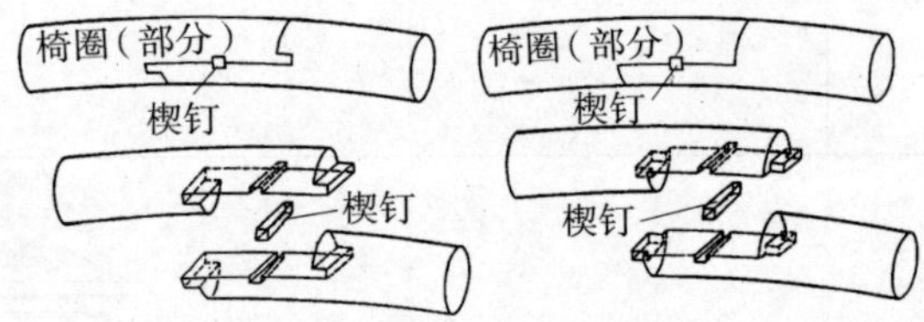
龙凤榫加穿带	将两块或更多块薄板拼合。	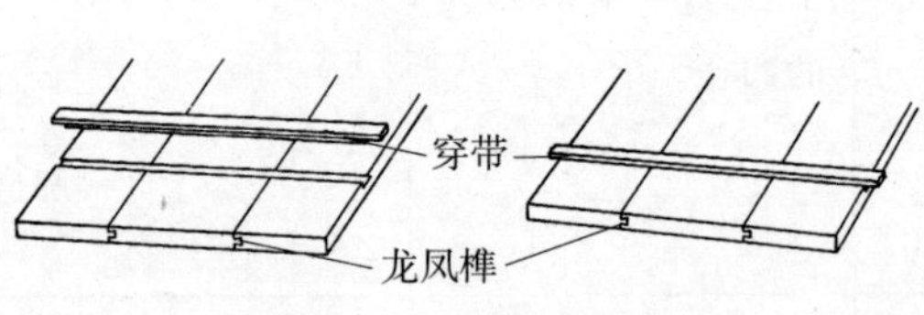
纽扣榫	用于腿足与托泥的结合。	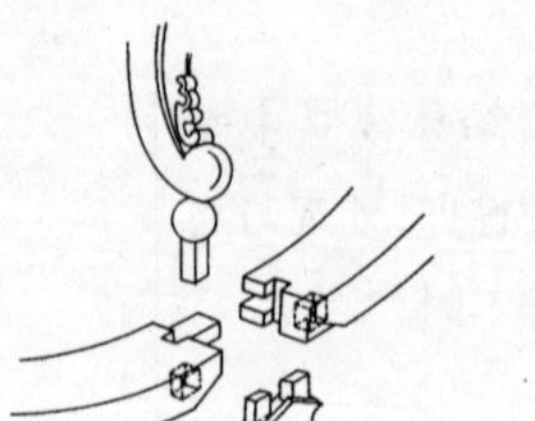

图 7－3　精密巧妙的榫卯结构

(2)结构形式

从家具的整体结构形式上看，家具结构是受建筑结构的影响所致，这点在“筑具之缘”一节中就已叙述。中国家具主要有两大结构体系，一是箱式结构，它是早期建筑的壶门结构演变而来的，像早期的几、案、禁、台等都是典型的箱式结构，这种结构一般显得厚实而稳重，由“框架”和“芯板”组合而成。另一个是框架结构，框架结构家具实际上从三个方面演变而来，其一是箱式结构在向有束腰造型的演变中，一些由板片组合的支柱被柱腿所替代；其二是直接仿效建筑上的梁架结构，建筑木作的梁、柱和替木被换成了家具中的枨、腿足及牙子；其三是少数家具的框架结构也借鉴了竹器中的四面平结构。从宋代以后，家具形制完成了由低矮型向高足型的过渡，框架结构也替代了箱式结构成为主要的家具结构形式。[1]

除此之外，中国家具的结构形式还包括板式结构、折叠结构和组合拆装结构（图7－4）。板式结构和箱式结构一样，也是中国古代家具中较早出现的一种形式，多采用单一的板件或用攒边打槽板的方法构

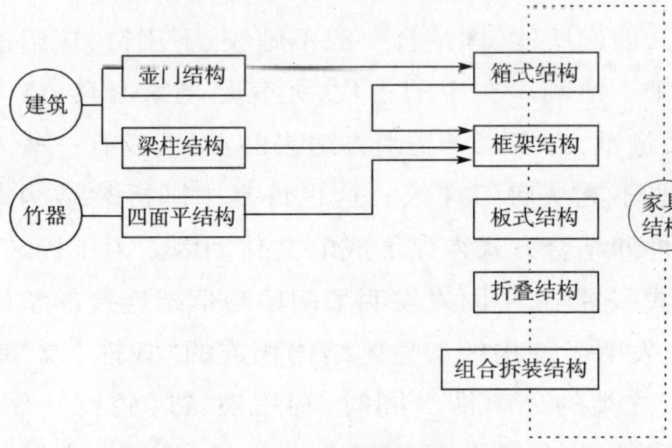

图7－4　中国家具结构示意图

①徐秋鹏．中国传统家具结构形式现代化的研究（学位论文）．无锡：江南大学，2004：28－35.

造而成。早在战国时代已有了由实木板制作的板式家具。图 7－5 是战国时期的一件 H 形漆凭，就是由三块实木板制成的简洁而实用的板式家具。折叠结构的家具在战国时期也有成熟的造型，其具体形式有两种：一种是折动式折叠，如马扎、交椅、多扇屏风等

图 7－5　H 形漆凭

都采用这种形式，图 7－6 所示的明代屏风、交椅、折叠盆架就是通过这种结构加以调整的，便于携带、储存。另一种是调节式折叠结构，一些部件的位置及高度能够调节，像一些几、案、盆、架大都采用这一结构。拆装结构家具是指一些家具的结构部件可以反复拆装再装配。[①]实际上中国家具的榫卯结构是拆装得以实现的一种保障，拆装结构采用的连接方式主要是榫结合。前面所述，榫结合一般不施胶、不用钉，这给拆装带来了便利。在中国古代，尤其是皇家家具，体型大、质量重，许多家具是南方送去的贡品、或有一些大型家具不能从房门穿入。这也许是中国拆装结构家具的榫卯结合方式得以形成的文化动因。为了拆装，在明式家具中，中国人发明了门扇与框架连接的整体榫，也发明了使构件与整体结构相连的“栽榫”或“走马销”之类的分离榫。[①]同时，利用楔、钉（竹钉）、销、砦等零件，将各部分紧固组合在一起，又可自由拆装再组装。

① 唐昱．中国古代家具里的新技术．家具与室内装饰，2000：(1)：16－17.

① 徐秋鹏．中国传统家具结构形式现代化的研究（学位论文）．无锡：江南大学，2004：28－35.

图 7-6　屏风、交椅、折叠盆架

总之,中国家具自古以来,基于中国传统生活方式的需求和文化上的需要,在结构上刻意追求一种简洁、合度。强调实用,由结构而显现的造型与装饰形式,成为中国家具风格的一种个性,在这种个性追求中,蕴含着朴实、纯真的民族性格和率直、典雅、致用的艺术精神。

7.3　工艺因

——艺术的作品永远同时又是一个技术上的成功。(格罗皮厄斯[德])

在人与环境,人与人之间的联系中,都得使用工具,都得有技术。从辞源角度,“技术”一词是希腊文“techne”与“logos”的组合。其中“techne”不仅指工匠的技能,也指艺术活动的技巧,有“工艺、技能”之意。《说文》中也说:“技,巧也,从手支声”。《庄子·天地》篇也有“能有所艺者技也。”可见中国古代也普遍存在“技艺相通”的观点。②

② 徐恒醇. 设计美学. 北京:清华大学出版社,2006:28.

事实上,技术自古以来就一直存在,它是为实现某一目的所表现出的工具与规则体系。日本竹内敏雄就说过："一般意义上的技术，同人类历史一道，自古以来就存在着，古代的手工业也好，现代的工程技术也好，都包括在内。"其实古代技术与现代技术在概念上还是有区别的，古代技术表现为工艺性，现代技术则表现为科学性，由此也有工艺技术与科学技术之区别。了解了这些概念界限，我们不难理解中国家具的成因是中国工艺美术发展所致。"工艺"一词，按中国传统的解释，即是"百工之艺"，中国家具正是融不同工种技艺于一体，才充分呈现了其特有的工艺之美。

7.3.1 智创巧述

无论是整个中国工艺美术，还是具体的家具工艺，都渗透着中国人的心智与技巧。《考工记》就有"知(同智)者创物，巧者述之"的论述。"智创巧述"使中国的日用品渐于精美，使中国家具精于工艺，可谓中国工艺的特性之一。在第4章第1节的"无名之辈"中，笔者从家具制作的主体——工匠的角度探讨了中国家具工艺精美之缘由，这里就"工具"与"技艺"的角度做进一步的阐释。

(1)工具的创新

俗话说："是匠不是匠，专比好作杖(指工具)。"工匠水平的高低取决于工具的好坏。尽管这句话有点夸张工具的作用，但对于中国古代木工而言，工具是否好使、是否精准，确实影响家具的制作水平。其一，中国古代木工的工具大多是自制的或祖传的，品种不多，但很实用。尽管功用相同，但工具形式及造型在不同工匠的手里演绎了一种独特的情怀。"人有其质，匠有其情"，从工具制作的好坏也能看出木工工匠的素质高低及设计水平[1]。其二,孔子说:"工欲善其事,必先利其器"(《论语·卫灵公》)。明黄成也认为:"良工利其器","利器如四时"(《髹饰录·乾集》)。精良的工具是造物制器的基础,没有良好的工具难以制作精巧的家具,如明式家具的精美外观也是得益于明代锤锻技术的长足进步,促使了木工工具制作优良、品种增多,为工匠技艺的施展奠定了良好的物质基础。

中国木工工具的创新与进步,促进中国家具的繁荣与发展。考古研究发现,早在七八千年前的新石器时代中国古人就有了较为精细的石斧、石锛、石刀和一些骨制工具,这些是木材加工的基本器具。骨针的发明,标志人们已经掌握了纺织技术,也是早期编织席形成的基础。[2]石凿、骨凿、石楔、木棒和木槌的出现,表明人们掌握了榫卯制造技术。春秋战国时期,由于建筑及冶炼技术的进步,铁器时代的到来,家具制作工具的品类趋于齐全和完善,出现了在木材加工中普遍使用的锯、钻、斧、铲等工具。尤为值得说明的是,著名的木工祖师鲁班(图7-7)就是春秋时代人,相传木工用的锯、钻、刨、墨斗、曲尺等都是他发明或改进的,现代木工工具的雏形大多来源于当时,这些木工制造器具及量具的发明创造,促成了家具制作的飞跃[3]。中国家具木工工具快速提高的另一个时代应是明代。明式家具制作精美,自然少不了木工工具的改进与完善。据《天工开物》记载:"凡健刀斧皆嵌钢包钢整齐,而后入水淬之,其快利则又在砺石成功也。"可见当时的锤锻与加工技术已有明显提高,尤其是贴钢淬火的打造,工具的硬度得到了提高,是加工硬木家具的必备条件。在木工具的种类方面,当时发

① 路玉章. 中国古家具鉴赏与收藏. 北京:中国建筑工业出版社,2006:90.

② 闻小宁. 原始家具略述. 南方文物,2000,(3):90-94.

③ 路玉章. 中国古家具鉴赏与收藏. 北京:中国建筑工业出版社,2006:39-45.

明了各种刨子,如有推刨、细线刨、蜈蚣刨等,这些是明式家具装饰线型及精致外表得以加工的必备工具。[①]

① 胡开仁.明式家具浅析.贵州民族学院学报,2001,69(3):95-99.

图7-7 鲁班图

从中国木工具的品类创新来看,也可以体察到中国人的“智”与“巧”。德国存在论哲学家海德格尔认为,任何用具的“何所用”最终导向“为何之故”[②]。就手工操作而言,中国家具木工具经过几千年的发展几近成熟、完善。任何一件精美家具的制作,大都包括下料、画线、凿眼、刨平、组装、雕饰等加工流程,由此工具的类别也大致可分为:量具类、锯割类、刨削类、凿孔类和其他类(图7-8)。事实上,每类家具工具在不同木工师傅那里,尽管功能结构大致相同,但形式却略有区别,每件工具与其主人成为不可分割的一个整体。工匠们有时根据需要也可以自制一些特殊的木工工具,如前面所述的“勒子”量具。许多木工具看似简单、朴素,但它们在工匠们手里却变得非常有生命力,从大块木料到平直的木板,再到栩栩如生、

② 杨庆峰.技术现象学初探.上海:上海三联书店,2005:17.

错落有致、雕有各种图饰的家具部件，最后装配成整体造型简雅、结构稳固的家具成品，整个过程木工们往往是心中有数、胸有成竹，加工制作一气呵成，如果有机会能看到这一过程，肯定会被中国家具木匠使用工具的娴熟所折服。

安徽天长县出土的汉代铁质木工工具(28件)

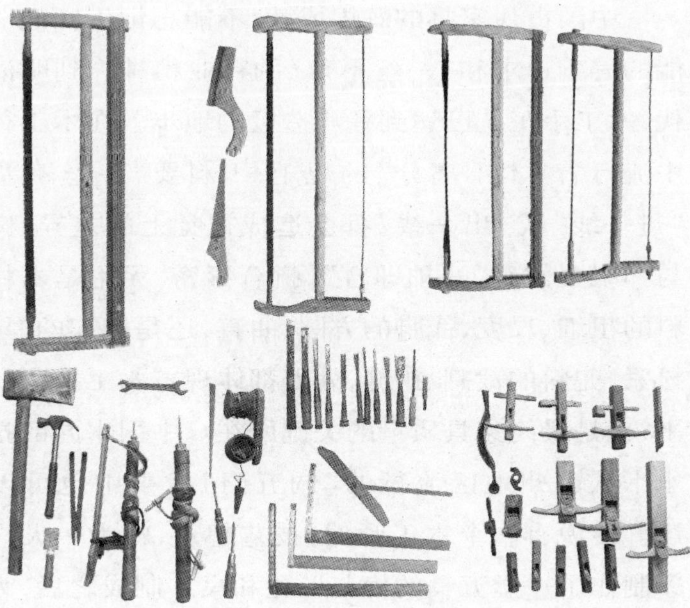

现代乡村木工工具

图7-8　古今木工工具的对比

(2)技艺的追求

人们使用工具,通过有意识的活动来造物,改变"既定"的物质环境,但工具的使用离不开技艺。"技艺"是一种世代相传之物,作为一种传统,其最大的特征是"言传身教",尤其对于不喜欢著书立说的中国农村工匠们,他们的木工技艺大多是从祖辈师傅那里学来的。从古至今,"重道轻器"的中国人,对"技能"是持肯定态度的,如《庄子·天地》篇中就说:"通于天地者德也,行于万事者道也,上治人者存事也,能有所艺者技也。技兼于事,事兼于义,义兼于德,德兼于道,道兼于天。"他还在《庖丁解牛》中指出:"匠之所好者道也,进乎技矣"(《庄子·养生主》)。如此看来,"技"与"艺"相连,"技"与"道"相通,中国人重道,但并没有轻技,也非常重视"技能"的演进。

中国古代家具的辉煌成就,不能忘记工匠们对技能的完美追求和"一丝不苟"的行业精神。到明清时代,木工手工艺已达到登峰造极的地步。在木工行业中流行着"木不离分"的规矩,下料要"一丝不差","进一线"或"出一线"都会造成视觉上的差异;榫头与卯眼要做到"一拍即合",拼合紧密,无论是木材用料的粗细、尺度,线脚的方圆、曲直,还是榫卯的厚薄、松紧,兜料的裁割、拼缝,处处都体现着木工技艺的水平,也是最终家具质量的关键所在。中国木匠的技艺水平从苏州地区流行的"调五门"故事中也可以解读。传说有一个木工师傅,技艺超众,曾为一大户人家制作了一堂五具的梅花形凳和桌。制成之后,为了检验其高明的手艺,这位匠师在地上撒了一把石灰,然后把梅花凳放在上面,压出五个凳足的腿印,然后依次旋转腿足,每次五个凳脚都恰好落在原先印出的灰印上，在场人无不赞不绝口，主人更是欢喜有加。[①]如此高超的制作水准，就是现代工业化生产也有一定难度，何况是手工制作，由此可见工匠技艺的娴熟程度。

① 濮安国．中国红木家具．杭州：浙江摄影出版社，2004：96－97.

7.3.2　工艺之美

"家具文化的精髓，专指家具内在的工艺美，隐含着中国人民生活史中丰富的传统工艺艺术情感文化底蕴。"[②]路玉章先生这一席话，道出了中国家具文化的最高内涵。诚然，工艺在家具文化中的地位举足轻重，人们常以"鬼斧神工"来形容制作工艺的巧妙、精湛，但如果用之形容中国传统家具的做工也是十分贴切的。透过中国家具巧妙的攒边作法、致密的榫卯结合、利落的线脚转折、平滑的曲面加工及形体造型，无不显示出古代木工们高超的匠心和神奇的技艺，也深深地表露了他们对"工巧之美"（图 7－9）的执著追求。具体表现在如下几个方面：

② 路玉章．中国古家具鉴赏与收藏．北京：中国建筑工业出版社，2006：5.

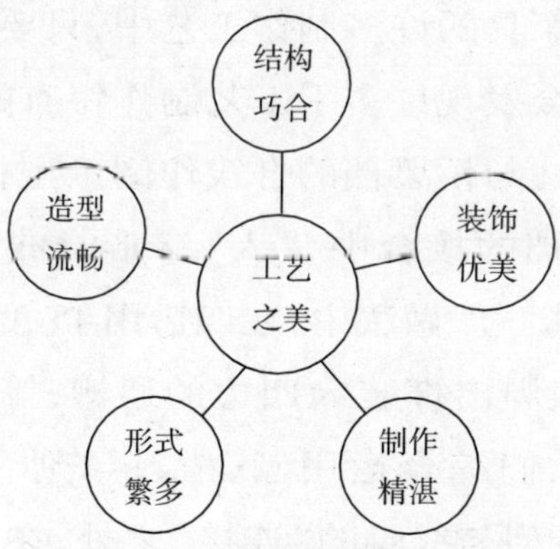

图 7－9　中国家具的工艺之美

其一，结构之巧合。中国家具工匠们深究木料的自然天性，充分发挥其材质的"物性"，建立了一个完整而严谨的"木式木器的榫卯结构"工艺体系。其工艺的独到之处在于，整件家具可以不用钉、不靠胶，把零散的条块构件组合装拼成家具，并且经久耐用，不易变形。这其中，工匠们在榫卯类型的使用上挖空心思，创造了不同部件与形体转折之间的榫卯部件，如在大跨度构件之间镶以较小的结构构件。同时工匠们依据积累能考虑到环境气候对木料的影响，很好地解决了胀缩难题。如木板用胶粘缝就强调"冬流流、夏稠稠"，通过有效地控制榫卯之间、拼板之间的缝隙，使得家具历经沧桑不会变形或干裂。尽管有时遍体鳞伤，腿断槽朽，而主体结构仍旧不松不散，没有人不会为家具工艺结构的致密与牢固性而惊叹[①]。

① 张金颖．西方收藏中国古典艺术品的趋势和原因．福建艺术，2000，(1)：45－47.

其二，制作之精湛。良好的制作水平是任何家具工艺之美的关键。从古至今，中国木工精于制作，尤其到了明清时代，他们在继承并发扬建筑小木作工艺的基础上形成了家具制作一种特有的细木工艺。在精巧的细木加工工艺之中，赋予了每个家具部件从尺寸、规格、大小、形状到连接关系等方面一种特殊的制作语言。在家具的许多制作工艺中，只要我们仔细观察、品味，就会发现许多手工艺制作特有的奥妙之处。如方桌中短柱与桥梁档的脊线作倒T型相接；云头如意在与桥梁档的接合中，"人"字形脊线与如意的涡线相呼应；"攒边"做法中，在四边用45度格角榫攒起来，中心板四周出榫装入四边的通槽；等等。在这些做法中，工匠们综合运用刨、凿、铲、刻、刮等工艺手法，在各种线型与线脚的"连接"之处，在凹凸"拼合"之处，利用其精致的制作手法，使家具实体形象的"经络"（主要指线脚）与"气脉"（指交接的效果）融会贯通，赋予了家具一种特有的文化情怀与工艺精神。[②]

② 濮安国．明清家具鉴赏．杭州：西泠印社，2004：142－148.

其三，装饰之优美。工艺从"艺"的角度来看，肯定离不开装饰。从古至今,中国家具(除清式家具)整体装饰风格上都力求简而精致,即使是装饰花纹也力求素静雅明,强调以少胜多,有"清水出芙蓉,天然去雕饰"之艺术韵味。但"少"并非不重视装饰,相反要体现出装饰之精致,对其工艺的要求就可想而知。中国家具装饰工艺,主要有木雕工艺和漆饰工艺两大类。其中木雕工艺有阴刻、圆雕、浮雕、透雕、镂雕等手法,每种雕刻方法各有所优,匠人们常根据木材的形状与材质纹理因势构图,寻找相应的装饰题材进行造型,使得家具上的雕刻与整体造型浑然一体、其妙无穷。另外,就漆饰工艺而言,其基本工艺方式有雕漆、漆涂、描绘、填嵌、刻画等工艺,中国人在这些工艺上造就了形形色色具有典型艺术价值的家具,漆饰家具也因此垂名中外。在苏州西园中就珍藏着一款"千拼桌"(图 7-10),桌案由 2930 片厚 0.4 厘米的黄花梨薄片组成,采用包镶做法拼成冰绽纹,天然木纹在组合、拼镶的变幻中尽显典雅与精美,虽经数百年的流传,镶片仍旧完好如初,可见当时制作者高超的装饰技艺和工艺水准[1]。

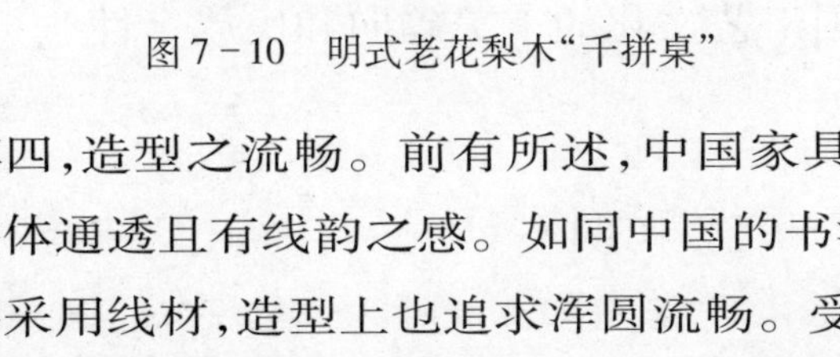

图 7-10　明式老花梨木"千拼桌"

其四,造型之流畅。前有所述,中国家具的造型风格整体通透且有线韵之感。如同中国的书法,中国家具多采用线材,造型上也追求浑圆流畅。受这种设计观影响,家具造型工艺多采用"一木连做"的方法,

① 濮安国. 明清家具鉴赏. 杭州:西泠印社,2004:64-66.

无论是束腰家具还是无束腰家具，家具造型结构都上下贯通、讲求一致。这点可从明式圈椅的大曲线围靠下以四根椅柱贯通的造型中看到。正是家具造作工艺上的“连做”与“贯通”，才成就了家具整体造型上流畅的线韵之感，这也正是造型与工艺紧密结合的例证之一。

其五，形式之繁多。中国工艺辉煌成就的背后，应是工艺分工、定名、度数等方面的繁多与精密所致。《考工记》就曾探讨了古代工艺之术主要体现在四个方面：一是分工之多；二是定名之密；三是度数之精；四是雕刻之美。[①]其实中国家具的工艺形式特征也有这方面的体现。正是家具制作工种分工精细才使得工匠们技艺精湛，尤其体现在宫廷家具制作中。就家具的具体生产而言，其造型结构部件名称的规范与分类，使得家具制作非常程式化，也是家具模件化工艺生产的一种保证。此外，家具制作工艺中对划线及尺度的把握以及雕刻工艺之细分等都是家具工艺之美呈现的技术保障。

总之，意大利著名建筑家奈尔雅曾说过，一件技术水平高的作品，其艺术上的效果可能并不好。但无论是古代还是现代，却没有一件美学上公认的杰作而在技术上却不是优秀的[②]。可见，良好的技术是家具杰作的必要条件。中国家具正是有了古代工艺技术的杰出成就，才造就了其良好的工艺水平，也从中凸现了中国工艺文化的审美趋向和民族个性。

① 柳诒徵．中国文化史（上）．上海：上海古籍出版社，2002：384－385.

② 徐恒醇．设计美学．北京：清华大学出版社，2006：74.

7.4 小 结

家具依赖某种形式而存在。中国家具从其产生之日起，就以其独特的形式而出现。在其形式的生成中，中国人对材料、结构、工艺等方面的求美之心，赋予了中国家具无与伦比的美妙与精巧。

材料上，中国家具的取材缘于建筑。对木材特有的嗜好，也许是经济、技术或资源等方面的原因造成的，但更多的是中国人生精神与民族个性的体察。尤其是硬木材质在家具中的极力推崇，反映了中国人对材料质地与纹理之美的特殊关注。在具体的造物活动中，中国人也形成了其特有的“因材致用”设计观。

结构上，榫卯之合是中国家具生成的机理。透过种类繁多、结合巧妙、搭配合理的家具结构，不仅可以看到中国家具设计中的模数观或早期标准化设计思想，而且可以印证中国家具格物致用的结构观与完美追求。

工艺上，从中国古代“技艺相通”的工艺思想中，可以看出中国造物中对技术的追求。制造中国家具的能工巧匠，通过对木工工具的创新与改良，对木工技术的演进与娴熟，使得中国家具结构巧合、制作精湛、装饰优美、造型流畅、工艺形式繁多，体现出一种神奇的工艺之美。

第8章　中国家具之未来——和缘求存

8.1　辉古耀今

——观今宜鉴古，无古不成今。（李新柳）

任何社会都不能割裂历史，不能没有传统。“没有传统，人类便不能生存，即便他们司空见惯地不满于他们的传统。”[①]中国家具依托古代相对西方高度发达的物质文明和深奥的文化底蕴，成为非常宝贵的传统遗产。只要提到传统的中国明式家具，世人无不赞叹。清代没落后，尽管出现过中西合璧的民国家具，但由于西方工业化进程后工业技术的高速发展与设计理念的完善，使得中国家具被人淡忘，其现代化进程姗姗来迟。“现代化的东西，不一定都是舶来品”[②]。中国家具面对与世界家具的差距，应冷静地进行思考：一是家具的技术层面，如何与现代化生产接轨的问题；二是家具的文化层面，其外形的姿态，是否体现中华民族的精神，以其深长的文化韵味而让人留恋喜欢。前者不是本论著探讨之范畴，笔者主要就家具文化的继承与创新问题略作探寻。

① （美）E·希尔斯．论传统．傅铿，吕乐译．上海：上海人民出版社，1991：429.

② 杨耀．明式家具研究．北京：中国建筑工业出版社，2002：24.

8.1.1 设计评价

设计的历史一直都是以“否定之否定”的辩证规律发展的[1]，中国家具的发展与历史演变过程中，每个时期家具风格的创新都是对旧有消极因素的否定。进入新世纪，改革开放将中国家具推向了现代化历程，如何立足中国家具文化的根基，从家具文化中吸取精华、总结规律、研究未来，成为家具界普遍关注的问题之一。历史是未来的镜子，文化是设计的基因。要振兴中国家具，首先应对中国家具有个合理的评价，这里从历时性与共时性两个角度略作阐述。

① 傅祎．现代设计支点．装饰，1994，(2)：28.

(1)从历时性的角度来看

家具的“历时性”，是指家具形制和类型的出现，都有一个历史的过程与先后顺序，它们是人们生活方式的反映，体现了一种历史的文化逻辑和脉络。

存在即为一种合理。从中国家具几千年的自身文化积累中，每个时期的家具风格都有着鲜明的中华民族个性。从早期商周时期的“礼仪”家具一直延续到明清时代的“明清”家具，尽管中国古代家具形制上经历了从矮坐到高座的转变；品类上经历了从相对单一到品种齐备的完善；造型与结构上经历了从箱式到框架式型体的演变；装饰与工艺上经历了从不成熟到技术娴熟的递进，但总体上说，中国家具的整体风格受中国文化一脉相承之影响，一直表现为一种稳定演变的特点。正是鉴于此，中国家具与西方家具相比，有着明显的民族个性，这种民族性是中国家具几千年来长期积累的民族共性，是蕴藏在中国传统家具中的“民族魂”。

任何立足本土文化的家具创新，都必须研究历史,研究文化传统。中国家具的历史演变中,积累了许多经验与财富,尤其体现在鼎盛时期的明清家具中。科学分析其设计理论与文化符号,合理评价其设计缺陷与文化因子,是非常必要的。我们只有坚持历史与逻辑的统一,从几千年中国家具文化中去粗取精,合理处理传统与创新的关系,才会重振家具昨日辉煌。

(2)从共时性的角度来看

家具的"共时性",是指同一时空中不同风格与形制的家具并存,无论是仿古家具或是现代家具,无论是外国家具或是中国家具,相互影响相互促进,体现了一种多元共性相存的关系。

就中国现代家具而言,正如有些学者指出,在全球一体化及加入 WTO 的新形势下,作为蓬勃发展的中国家具产业面临极为严峻的挑战。2004 年,全球家具产值为 2520 亿美元,2006 年达到 2700 亿美元,全球七大国占有 60%,依次为美国、意大利、德国、日本、加拿大、英国和法国[①]。家具学者胡景初教授指出:"在新一轮的国际竞争中,在新的国际经济格局中,我国的家具业很可能陷入'低质化'泥潭,成为发达国家定牌生产的低级制造基地,有些工厂甚至会面临灭顶之灾,这绝不是危言耸听,中国家具业正面临着关键的转折关头。"[②]中国家具界必须认识这样一种现实,面对西方的现代化,中国家具尽管有着辉煌的过去,但由于西方工业化革命的成就以及中国自身发展的滞后,中国家具的现状令人担忧,尤其是在设计上尚未形成一种体现现代中国人生活方式和民族消费文化的设计风格。当然尽管从上世纪末到本世纪初,家具界提倡一种"现代中式"家具和"新中式"

① Hong Yingzhen, 2007 Furniture Trend in Imm Cologne, Design, 2007, 133 (02 - 03): 32 - 37.

② 胡景初,方海,彭亮. 世界现代家具发展史. 北京:中央编译出版社,2005:1.

家具的设计思潮，但还未形成具体的设计风格。

目前家具产业中，主要存在着两种风格的家具产品。一类是仿古风格，基本上是一些传统家具的仿造与复制，缺乏创新与提炼。另一类是现代风格，基本上是西方家具式样的翻版与拷贝，缺乏对民族个性与自身生活方式的研究与探索。这样一来，难怪有些国外家具商指出："中国没有现代家具。"[①]面对当前家具这一现象，必须正确看待古人给我们留下来的家具遗产。家具是人们生活方式的反映，不同时期由于物质与精神文明程度的差异，从建筑到环境都有各自的时代特点，由此家具也应有相应的时代个性，家具设计界应研究当代中国人所处的独特生活空间和文化情趣，决不能照搬照抄先人的或西方的，应从中国家具丰厚的文化内涵中挖掘对当代家具创新有价值的设计灵感。

① 廖梅．中国现代家具的价值体现．攀枝花学院学报，2006，(23)：56－57.

总之，无论从家具的历时性还是从其共时性来看，中国家具要辉古耀今，必须重视家具民族性的研究，从中国传统家具文化中吸收养分；必须重视家具设计的创新，应把"设计立国、设计富国、设计强国"作为国家发展的政策，以设计推动家具附加价值的提高，并从中国传统家具文化中吸收创新因素，从而使中国从家具制造强国走向设计强国，延续中国家具的昔日成就。

8.1.2 设计启示

家具是人们生活中必不可少的产品，它体现了一个国家的科学技术水平，反映了一个时代、一个民族的生活习惯和消费取向。尤其在物质文明趋于发达的信息时代，人们对家具中所展现的精神内涵的要求越来越高，人们对家具中隐含的非物质文化因子越来越关注。也就是说，家具的技术、工艺、结构等物质生产条件已经不是制约家具发展的主要因素，而来自于家具的造型、装饰、色彩等方面所折射出来的家具风格，已经成为左右人们选购家具的关键点。这样一来，家具风格中所蕴含的民族文化与时代特性也就成为现代家具设计中的普遍关注点。阿基米得曾说："只要给我一个坚定的支撑点，我就会移动地球。"[①]当前，中国家具正处于振兴阶段，家具设计只有以"中国几千年积累下来的家具文化结晶"为支点，以深奥博大的家具文化为依托，才能在传统中去创新，开创新时代家具风格的未来。

(1)创新之路

未来是历史的延续。当今社会，中国家具何去何从？如何让中国家具延续历史的辉煌，让世界重新审视并认可中国现代家具？笔者认为关键在于创新。正如美国《新闻周刊》的评论所说，中国国家"品牌"的核心在于"中国的新"。文章认为："尽管中国以自己的古老文化而自豪，但它的未来将更多地取决于它的'新'，而不是'老'。"[②]诚然，中国家具进入了新世纪的岔口，我们不应老以昔日的明清家具而沾沾自喜，以"古"卖老，而应把主要精力放在品牌家具的塑造上，要立足传统、勇于创新。

设计的核心是创造，创新是设计的灵魂。韩国前总统金大中曾在大阪召开的"文化人聚会上"说："今后的时代是创造性的时代。"[③]中国现代家具设计必须顺应时代发展的需要走创新之路，并理顺如下三种关系：

其一，传统与创新的关系。一个社会不可能与过

①(美)E·希尔斯．论传统．傅铿，吕乐译．上海：上海人民出版社，1991：256.

②(美)乔舒亚·库珀·拉莫．中国国家"品牌"核心在于"中国的新"．参考消息，2006－10－4(16).

③(日)安泰忠雄．安泰忠雄论建筑．白林译．北京：中国建筑工业出版社，2004：156.

去的纽带关系完全断裂，代代相传的思想观念、生活方式、审美趣味、文化取向、宗教信仰等传统因子，应是创新的基础。文丘里认为："对于艺术家而言，新的创造也可以藉借重拾过去已存的事物来完成。"[1]任何创新都是在传统的基础上革新，不是抄袭搬用，而是在批评中吸收[2]。中国家具的创新，应该研究商周家具的"礼仪"、两汉家具的"庄重"、魏晋家具的"飘逸"、隋唐家具的"华贵"、宋元家具的"典雅"、明式家具的"简秀"、清式家具的"繁缛"，并从中国古代建筑与园林中吸取文化养料，寻找中华民族的文化精神，加以聪明地应用。只有这样，才能化解传统与创新的矛盾，使传统不会成为创新的"绊脚石"，创新也不会因缺乏"文化土壤"而变成无本之木。

其二，民族性与时代性的关系。任何创新都必须体现一定的设计个性，而设计个性只有从民族文化传统思想中去借鉴，才能形成自己的风格，永葆民族特色。设计的民族性是设计文化个性的体现，也是在多元化的信息时代人们在自身民族文化受到外来文化冲击时的一种渴求。同时任何民族性的东西，在特定的历史时期内，适于市场消费和审美文化的需要，在民风、民情、民俗方面都会有一种变迁，体现一种时代性的特点。在家具方面，中国家具的创新，是时代的需要，是对传统的挑战。将家具的民族文化与现代设计理念、传统与现代科技相融合，正确理清家具民族性与时代性的关系，使中国家具在发展中创新，才能塑造古典高雅与现代浪漫相结合、具有中华民族特色的现代家具文化。[3]

其三，民族性与全球化、现代化的关系。有关民族性与"全球化、现代化"之间关系的争论，在中国知

①(美)伊哈布·哈桑．后现代主义问题．转引于曾坚．当代世界先锋建筑的设计观念．天津：天津大学出版社，1995. 80.

②梁思成．梁思成谈建筑．北京：当代世界出版社，2006：446.

③杨中强．家具设计的继承与创新．家具与室内装饰，2001：(4)：6－7.

识界或设计界至少有半个世纪之久。鲁迅先生曾说过:"越是民族性的,就越有世界性",对于这一说法,现今设计界褒贬不一。有学者认为,每个民族都有其独特的生活理念与价值取向,对异民族的东西有一种排斥的心理,有时民族性的东西并不能被世人所接受。也有学者认为,要在世界一角有立足之地,必须有自己的个性,而自身文化的民族性应该是设计灵感之源。学者李泽厚认为:"民族性不是某些固定的外在格式、手法、形象,而是一种内在的精神,假使我们了解我们民族的精神,……又紧紧抓住现代性的工艺技术和社会生活特征,把两者结合起来,就不必担心丧失自己的民族性。"[①]其实,"民族性"与"全球化、现代化"并不矛盾,民族传统如能正常发展,决不会与"全球化、现代化"相冲突,意大利与日本在这方面就取得了成功。[②]中国家具应该借鉴他们的经验,在全球性的文化交流和与国际接轨上,正确对待历史传统,不要把博大精深的家具传统变为思想上的包袱,应为本民族丰厚的家具文化传统而自豪。我们坚信通过广大家具设计者与产业界的努力,借助现代高新技术在生产中的应用,通过文化的交流与渗透,古为今用,洋为中用,在中国古典家具文明土壤上一定能嫁接现代工业文明的新枝,继续在世界家具领域扬威。

① 李泽厚. 美育与技术美学. 天津社会科学, 1987,(4):2-5.

② 方海. 现代设计与中国家具的未来. 家具与室内装饰, 2004,(1):6-7.

(2)从"现代中式"家具走向"新中式"家具

"任何设计传统的活力都在于创新"(方海)[③]。中国家具的出路在于创新、在于设计。进入新世纪,中国家具正在隐隐约约步入"设计时代"。在倡导设计的时代,中国家具的风格创新被认为是中国家具在新世纪品牌创立的关键,任何民族性的或传统的因素都可作为当今创新的基础。

③ 方海. 现代设计与中国家具的未来. 家具与室内装饰, 2004,(1):6-7.

学术界对于中国传统家具风格相关概念的界定存在几种说法。一种是“中国风(Chinoiserie)设计”，这是一种完全的欧式风格，按照2004版《不列颠百科全书》的解释，它是“指17—18世纪流行于室内、家具、陶瓷、纺织品和园林设计领域的一种西方风格，是欧洲对中国风格的想象性诠释。”[①]第二种是“中国主义(Chineseism)”，按照家具博士方海的解释，“中国主义则意指在传统中国家具设计当中的一些基本精神、思想或准则。中国家具设计或基于传统中国家具设计的革新或再创造的所有风格都可以用‘中国主义’来表达。”[②]由此看来，中国主义是一种高于“风格”之上的设计理念或思想。

除了上述两种，当代中国家具界对于中国传统家具在当代的风格阐释也有两种说法。其一是“现代中式”家具(Modern Chinese Style Furniture)，学者唐开军对其的解释是“把高新技术与设备和新材料与新风格结合起来，既能体现时代气息，又带有浓郁民族特色，还适应现代工业化生产的新式家具。”[③]从中可以看出，现代中式家具应是现代条件下创造出的具有中国文化底蕴与民族个性的家具。其二是“新中式”家具(New Chinese Furniture)，中南林业科技大学刘文金博士将其定义为“是中国传统家具文化意义在当前时代背景下的阐释，是中国当代文化充分理解基础上的当代设计[④]。”

从以上几种概念的阐述中，可以看出，不管从中国风到中国主义，还是从现代中式到新中式家具，这些风格中最基本的灵魂应是中华民族的文化特征。中国传统家具中所蕴含的民族精神和文化符号，是中国家具在当代创新的源泉，也是这几种风格或设计理

① 袁宣萍．十七至十八世纪欧洲的中国风设计．北京：文物出版社，2006：5.

② 方海．现代家具设计中的“中国主义”．装饰，2002，44(3)：61－62.

③ 唐开军，曾利．现代中式家具．林产工业，2002，29(4)：24－25.

④ 钟畅．新中式家具的要义．家具与室内装饰，2006，(5)：44－45.

念的共同之处。

“现代中式家具”风格的界定是相对传统中式家具而言的，它是对传统家具风格的继承与发扬，但在最近一两年，家具界对“新中式”家具风格的流行说法说明了设计界对“现代中式”有了进一步的认识，从“新中式”的风格概念中，人们更多地看到了这种风格的“中而新”。“中”应代表中国文化、中国家具设计的民族特色，是民族性的东西；“新”是指既包括对传统家具设计造型符号与装饰要素的创新，又包括中国传统家具在结构、技术及生产工艺等方面的创新，体现家具设计的一种时代性。“中而新”赋予了“新中式”家具应走传统与创新相结合、民族性与时代性相结合之路。

总之，“任何一种新的风格，都会有其明显的或隐含的历史渊源。”[①]从“现代中式”到“新中式”家具的提法，反映了设计界对传统家具“创新”意识的高度重视，以及破旧立新的决心。我们坚信，在家具设计界与产业界的共同努力下，一定能建构一条“新中式”家具的产业创新之路。

① 方海．西方现代家具设计中的中国风．室内设计与装修，1998，(1)：74－46.

8.2 和谐设计

——美是一种协调，一种和声。各部分归于全体，依据数量关系与秩序，适如最圆满之自然律“和谐”所要求。（阿柏蒂《建筑论》）

“礼之用，和为贵，先王之道斯为美”（《论语·学而》）。“和”是中国文化的最高境界，也是中国文化的精华，在“和”的文化观影响下的中国古代家具应是中国文化的重要组成部分。在中国人的“和”观念里,有人与人之和,人与社会之和,人与宇宙之和。“和实生物,同则不继”(《国语·郑语》)道出了中国人对事物生成的态度。

在新时期,中国经过30年的改革开放,设计界面临许多问题。就家具而言,如何将中国现代家具产品依托设计、品质的优势推入市场,如何摆脱现有的“高能耗、低产出”的家具制造强国的局面,如何使人与环境、自然和谐相处,等等,已被社会各界人士密切关注,党和国家领导人胡锦涛总书记就明确提出了构建和谐社会之设想。“以和为贵”是祖先留给我们中华民族宝贵的思想遗产,我们没有理由不把它发扬光大。

就家具设计而言,要继续延续中国文化的传统印迹。笔者认为在当前“新中式”家具的流行风中,应明确提倡和谐设计的理念。所谓和谐设计,应是从中国传统的“中和”文化中挖掘中国家具造物的思想精髓,并倡导一种使人、社会、环境乃至整个宇宙共生相存的设计观。具体可以表现为两个方面,其一是中国“中和”文化的体现;其二是对人与自然和谐相处的“节度”之倡。

8.2.1 中和之思

——物和则嘉成。(《左传·昭公二十一年》)

在中国人的古代哲学观中,“中和”是天地万物生成的缘由。《礼记·中庸第三十一章》中就说:“中也者,天下之大本也;和也者,天下之达道也。致中和,天地位焉,万物育焉。”“中”即中庸,就是按照一定的文化法则来组织多样的或相反的东西,并把这些多样或相反的东西构成一个和谐的整体[1]。"和"即和而不同,是指不同功能属性的诸多事物按照一定的结构秩序结合在一起,从而产生一个具有新质的事物[2]。儒家文化中的这种"中和"思想强调的是事物不要走极端,强调一种和谐。众所周知,儒家文化在中国历史上一直起主导作用,其哲学观直接影响了日常生活的物质创造。就设计而言,"中"是创造力,"和"即状态。从"中"求"和",即通过创造来追求一种事物的和谐,应是设计的理想境界。

"中和"也是中国古代家具设计的精华。尤在"新中式"家具设计中更应提倡这种设计理念。在新时代,中国家具贵在"中"而"和",中国家具设计的"中",既是对中国传统设计中"中庸"之道的发扬,又是适应新时代要求、不走极端、博百家之长、体现中国特色的创造。

中国当代家具的"和",应体现一种包容性。"和而不同"、"和实生物"等中国古代哲学思想使得中国家具"方中有圆"、"圆中求方",追求材质、结构、造型与装饰的和谐统一,这些理念应是中国家具创新中以不变应万变的设计准则。同时,中国当代家具的"和",应是中国古代家具"天人合一"思想的发扬光大。在追求人与家具协调统一的基础上,应考虑到环境乃至整个自然界、整个宇宙的影响。只有将"家具"纳入人类生存环境的整体规划与宏观设计之中,才能使我国当前乃至未来的家具设计具有前瞻性或超前性,才会使中国家具的创新不会昙花一现而会成为经典之作,才能使得中国家具重温昔日辉煌的旧梦。

① 张岱年,方克立. 中国文化概论. 北京:北京师范大学出版社,2001:255.

② 蔡俊生,陈荷清,韩林德. 文化论. 北京:人民出版社,2003:287.

事实上，中国目前有许多设计师一直致力于这方面的研究与设计实践。难能可贵的是，中国第五届国际家具展览会家具设计的金奖作品是“明概念”家具设计（图8－1），设计者吴明光先生从中国明式家具的造型要素中吸收灵感，通过对明式家具的形式要素加以分解、提炼和重组，使得家具具有强烈的民族风格与时代特色，是对中国古代家具“中和”思想新的阐释，以现实生活的审美悟性让传统经典在现代生活中重放异彩[1]。

[1] 吴明光．明概念家具设计．家具与室内装饰，1999，（6）：17.

图8－1 “明概念”家具

8.2.2 节度之倡

中华民族是勤劳俭朴的民族。“节”也是中国传统文化一因子。名词之“节”，有“气节”之意；动词之“节”则有“节约、节制”之义。在设计中，中国古代器物讲究节制，反对过分强调某一方面，否则会导致“失和”。由此看来，“节”也是设计走向和谐的手段。在中国古代家具中，造型中的束腰及腿足的收分都是“节”的体现；不张扬、含蓄、朴素及尚清的审美追求也是“节”的表露[2]；就地取材、因材造型的选材观更是“节”的认同。这些“节”的造物与审美观念在“新中式”家具中，我们要继续发扬，尤其在倡导和谐设计

[2] 严波．本土文化是设计的基石．www.dolcn.com，2003－07－02.

中应注入新的理念,要把造型、装饰及选材上的“小节”纳入人类资源可持续利用的“大节”上,使古代工艺美术中的“节”注入新的活力,成为指导家具设计的准则之一。

在“节”理念的制约下,“度”是立足本土文化进行设计的重要依据。所谓度,应是一系列确定构成因素基本关系的标准,它决定设计的尺寸和构成要素的连贯性[①]。度有“尺度”和“适度”之义。作为名词的“尺度”,按黑格尔的观点,就是一种量的规定[②]。“美产生于度量和比例。”[③]在中国古代,很早以前就有“尺度”的规定,《考工记》就有:“室中度以几,堂上度以筵。”可见古时家具中的几与席是室内规制的权衡标示。

作为“适度”之解,“度”在设计与美学上有着广泛的意义。瑞典现代家具之父卡尔·马姆斯登曾说:“适度则久存,极端则失败。”[④]适度是造物的准则,《诗各物证》中说:“夫高室近阳,广室多阴,故室适形而止。”由此看来,古人很早就有适度而止的设计观。在古代家具设计中,人们在制造家具的形体与结构时也是有“适”有“度”,使其不超过世俗生活的常规,符合制器的道理。例如中国家具受“仁”、“礼”文化制约,家具形制与“文化”认同合度,这点在“仁礼之道”一节中就有详述。

在现代家具设计中,除了处理好家具的尺度与分寸之外,更重要的是要正确把握现代与传统的“度”、民族性与时代性的“度”,使两者调和。传统的、民族的文化是现代家具创新的根基,尤其是明清家具,其中蕴藏着丰富的造型元素与信息符号,是中国家具文化的精华。利用现代新材料、新技术、新工艺、新设

① 潘鲁生. 外国设计艺术文献选编. 济南:山东教育出版社,2005:161.

② (德)黑格尔. 朱光潜译. 美学(第一卷). 北京:商务印书馆,1997:174-175.

③ 章利国. 设计艺术美学. 济南:山东教育出版社,2005:217.

④ 聂菲. 家具鉴赏. 桂林:漓江出版社,1998:29.

备,如何充分发挥现代家具生产的优势,如何充分利用现代科技来体现民族风格,赋予家具更多的民族特色,是当前中国家具界亟须解决的重要问题,也是合理解决传统风格与现代化生产矛盾的有效途径。总之,“度”是一种关系,适度是和谐设计的重要原则。只有现代与传统结合,中国家具才能生辉添色,神州大地才将盛行“新中式”家具风格的流行风。

8.3 小 结

“和”是中国文化的精华。中国古代家具之辉煌成就,应归因于设计“和缘”思想的体现(图8-2)。从《考工记》“天有时,地有气,材有美,工有巧,合此四者,然后可以为良”的表述中可以看出“天时、地利、人和、材美”造就了中国家具的东方神韵与民族个性,这也是中国古代家具杰出成就最根本的形成动因。

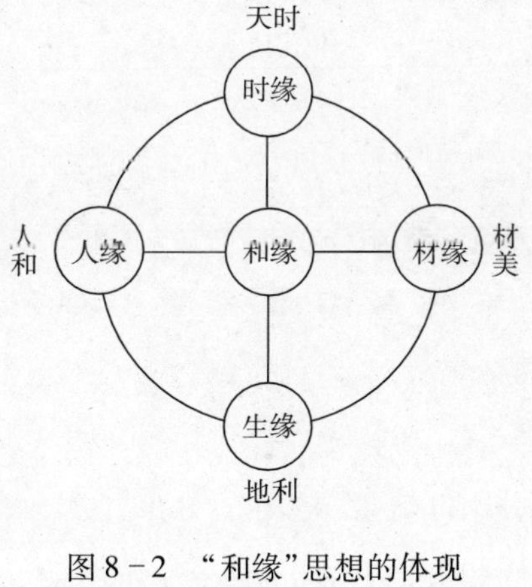

图8-2 “和缘”思想的体现

新世纪之初,中国家具要辉古耀今,首先必须对古人留下来的宝贵家具遗产进行合理评价。只有从历时性与共时性的角度去分析,才会看到传统家具的民族文化是家具创新中取之不尽的源泉，也是舍弃不掉的灵感来源。从“现代中式”家具走向“新中式”家具的设计风格倡导中，必须处理好传统与创新、民族性与时代性、民族性与全球化及现代化之间的关系，从古代家具中吸收设计文脉，走“和谐设计”之路。具体来说，在新中式家具风格的建构中，一方面必须发扬中国家具的“中和”思想，体现传统文化的民族特征；另一方面，必须适应时代与社会的要求，使家具成为人与自然和谐相处的“媒介”，将中国文化中的“节度”思想演绎成可持续发展的和谐设计。只有这样，才能使人与家具和谐地共生求存，才能使中国家具的未来延续过去的辉煌。

第9章 结　论

9.1 结论

家具是人类生活的必然存在。中国家具伴随中华文明的产生而产生，它像一股清泉，以中华文化为源头，挥洒于神州大地的每个角落，也滋润着人们的生活土壤；它像一束花，以华夏文化为中心，花团锦簇，盛开在中华大地的栋宇广厦之中，也是世界家具世族中的奇葩。无论是从文化还是从民族个性的角度来看，中国家具在世界家具中的历史地位都是举足轻重的。由于历史、地理、人文等因素的差异，造就了中国家具鲜明的民族个性。同时，中国人创造了自己辉煌的家具文化，也以此证明了中华民族的高度文明和中国人民的聪明才智。笔者通过创立设计的因缘观，主要通过"文化悟道，以道释器"的研究方法，从家具的物缘、人缘、生缘、形缘、和缘等方面展开立论，剖析了中国家具文化赖以形成的与人、物、事、境、时、形等方面的关系，探讨了中国家具赖以形成的形式与审美以及如何在当代与未来家具中发扬民族文化，从而梳理了中国家具民族性的方方面面。概略来讲，中国家具设计的民族性可以用"精于事因，巧在物缘"

加以归纳。

（1）精于事因

设计是一种求因的过程。中国家具既是事、人、境、时等外因影响的结果，又是设计赖以依存的材料、结构、工艺等诸多内因综合作用的形式。《管子·心术》中就有“因也者，舍己而以物为法者也”的论述。中国人在家具的创造中表现了先进的“求因”理念，强调去掉主观成见，根据事物的客观规律去认识与创造事物。

中国家具设计强调事因。基于坐、卧、承、贮、隔、挂等生活琐事，在“事”的功能、目的、情感、价值等利益驱动下，中国人创造了与“事”相适合的家具造型与形式，构建了本民族独有的坐具、卧具、承具、庋具、屏具和架类家具，从“一物行一事”或“一物多用”中反映了中国人格物致用或早期功用主义的思想。

中国家具“因人而异”。出于皇宫贵族、文人雅士和平民百姓的生活与礼仪之求，中国人创造了奢华型、典雅型和朴素型的家具类别，清式家具、明式家具和民间家具是这三类家具的典范。

中国家具“因地制宜”。幅员广阔的中华大地，造就了不同的风土人情，也形成了苏式、广式、京式等多样化的地域风格。从“天人合一”的设计思想、家具布局及与建筑的关系上也可以看出，中国人很早就强调家具与环境之间的统一性，形成了较早的室内陈设理念。

中国家具“因时制宜”。在长期的家具演变中，中国家具与时俱进，不同时代体现了不同的时代风格与特性，但稳定的文化传统促使中国家具形成了独具一格的东方风格。透过不同时代的家具，可以看到不同年代的物质生产水平和人们的审美爱好、生活习俗等。

中国家具“因材取形”。中国人合理利用材料，施以匹配的结构及高超的技艺，促成了中国家具独特的形式。

总之，在中国文化中，强调“因缘”。中国人在创造家具中强调因人而异、因地制宜、因时制宜、因材取形，这些先进的设计动因是中国家具千姿百态不断成熟的缘由，更是中国家具“精于事因”的表现。

(2)巧在物缘

设计是一种构“缘”的过程。在中国家具的“缘”创性活动中，离不开人缘、生缘、时缘、形缘及和缘的构建。

在物缘方面，透过中国家具的现象，可以体察到中国人在家具创造中求新的民族追求。由“席”而产生了早期低矮的家具形制，并因“椅”的出现及推广，逐步走向明清家具的辉煌，可以看出中国家具一直在推陈出新。另外，中国家具由于中国人特有的数象思维及装饰动机，促进了中国家具在造型及装饰方面的创新，并由此导致家具形制类型的千姿百态及装饰文化的东方个性。

在人缘方面，中国家具体现了一种求真的价值观。作为造器之人，求真务实的中国工匠，默默无闻、恪守传统，在严格的工官制度制约下，对技艺的完美追求成就了中国家具的辉煌。面对生活之求的设计对象，“礼仪”的中国人赋予了家具更多的礼仪规求，皇宫贵族家具是这方面的典型代表；民俗家具是普通老百姓使用的家具，从中能品察到中国家具的乡土人情及质朴乡风，更能感受到强烈而特有的朴素、自然及实用之求；中国诗性的文化特质，决定了家具设计的诗意人性，并促使了典雅风格的文人士族家具的出现，明式家具就是例证。

在生缘方面，在对待自然环境的态度上，中国人不像西方那样有着强烈的征服与改造自然的意识，而强调人与自然环境的和谐统一，体现一种“求善”的设计心理特征。“天人合一”是中国古代哲学思想的精华，其在中国家具设计中也有不同的设计表达，使得中国家具崇尚自然、师法自然、道法自然。家具是建筑空间的延续，中国家具与中国建筑一脉相承，建筑的材料、结构及造型直接影响了中国家具的形制。建筑的空间布局，加上中国人特有的整体思维与对称思维、空间观与风水观，形成了中国家具特有的整体布局形式。此外，不同地域的生境，也促成中国家具众多流派与风格的形成，但都具有共同的东方神韵与特色。

在时缘方面，尽管中国家具总体上呈现稳定性特征，但其也是在不断演变的，并在不断创新中体现了求变的民族追求。从“礼仪”的商周家具、“庄重”的两汉家具、“飘逸”的魏晋家具、“华贵”的隋唐家具、“典雅”的宋元家具、“简秀”的明式家具到“繁缛”的清式家具，中国家具在形制、造型、装饰及结构等方面体现了一种独特的演变规律。形制上，中国家具“以器载道”、“道器合一”，既强调家具的“事”理、“物”理、生理、伦理、情理、心理等方面的“理”性思维，又追求实用、审美、象征等功能之“道”。中国家具的合“理”重“道”，造就了中国家具在设计理念上的先进性以及明清家具的辉煌。审美上，中国家具具有鲜明的时代审美特征及民族审美爱好，“形韵、饰秀、色雅、质润”，既是中国家具审美文化的精华，又是对中国家具造物之美的提炼，在现代家具设计中也值得提倡。

在形缘方面，出于求美之心，中国人对材料、结构、工艺等方面的倾心与关注，造就了中国家具精美无比的形式。材料上，独特的文化特征形成了中华民族对天然木质材料的偏爱，尤为对硬木材料的极力推崇，反映了中国人对材料质地与纹理之美的特别追求。结构上，中国家具格物致用，擅用榫卯结构，体现了设计的模数观或早期标准化设计思想。工艺上，中国的能工巧匠自古以来强调“技艺相通”，他们既重视技术的演进与娴熟，又重视工具的改良与创新，使得中国家具体现出一种神气的工艺之美。

在和缘方面，中国家具强调人缘求真、生缘求善、形缘求美、时缘求变的“和缘”共存。中国古代家具之辉煌成就，应归因于“和缘”设计思想的体现。“天有时，地有气，材有美，工有巧，合此四者，然后可以为良”（《考工记》），从中既反映了中国古代造物的准则，又揭示了中国人造物的理念。中国家具设计非常“巧”，这种巧不仅巧在造型与装饰、工艺与结构上，而且巧在强调人、室、环境与社会的“天人合一”上，体现一种“中和”思想。在新世纪“新中式”家具设计中，笔者认为必须吸收中国古代家具设计理念的精华，提倡和谐设计，让“中和节度”的理念成为设计的依据与准则。只有这样，中国家具才能辉古耀今。

总之，明代计成将中国园林的设计思想总结为“巧于因借，精在体宜”，笔者将中国家具的设计思想概括为“精于事因，巧在物缘”，似有异曲同工之妙。同时，也说明具有崇高设计地位的中国古代家具与园林拥有颇为相近的先进设计理念，印证了“文化的影响是相互的,文化的作用是相似的”。

9.2 创新与价值

笔者通过对中国古代相关文化、哲学与审美思想的研究,从大量的史料与家具文物去考证、展开论述,系统地阐释了中国家具的民族因缘,从而揭示了中国家具设计的民族特性。无论是从理论上,还是在研究方法及内容上都有所创新,其创新点主要体现在如下一些方面:

(1)建构了设计的“因缘论”

在理论建树上,本书从中国佛教文化的“一切现象皆因缘和合”和西方现象学存在主义的“上手的东西的存在性质就是因缘”等观念得以启示,并映射到设计中,创造性地提出了设计的“因缘说”。笔者认为提出设计是一种求因构缘的过程,是一种人、境、时、形等几方面的整合过程,设计的终极目标是求“和”。该理论的框架建构对于研究设计民族性具有很好的阐释作用,也为设计界提供了良好的借鉴作品,值得深入研究,非常有理论价值。

(2)提出了“悟道释器”的研究方法

在研究方法上,本书采用文化人类学的成果,创造性地提出了“悟道释器”的研究方法,即“文化悟道、以道释器”。从中国造物文化中提炼出中国人的造物之道和设计理念,并以此来解释中国家具的民族发生和特性。这样一来,将家具放在中国文明发展的宏观视野中去考虑,使其民族性论述更为充分,真正做到了有理有据。该方法对于其他器物的研究也非常有借鉴意义。

(3)梳理了中国家具设计民族性的具体表现

在内容上，本书通过设计的物缘、人缘、生缘、时缘、材缘、和缘等方面的概念界定，进一步完善了设计的“因缘说”。并据此展开民族性各个方面的研究，从而探讨了中国家具发生的现象、价值、存在、特征、生成和未来等。

综上所述，中华民族是一个非常伟大的民族，中国人也以其丰富的传统文化及高深的艺术成就而自豪。中国家具是中华文化宝库的重要组成部分，无论从文化上、艺术上，还是设计上，中国家具都独具一格，具有鲜明的民族个性，是世界家具体系的东方奇葩。鉴于本书研究的出发点，笔者主要侧重于形而上的家具理念、文化和形而中的家具审美研究，就形而下的具体家具设计方法与风格而言，探讨得甚少，这也是以后需要进一步努力完善的研究方向。历史必将证明，尽管随着文化的交流与世界的一体化，中国家具的民族性可能会变得淡薄或不太明显，但中国文化的包容性及博大精深，使我们深信中国家具的设计落后现状只是暂时的，只要家具设计界与产业界携手合作，同心协力，研究、整理、宣扬中国家具的民族文化，重振中国家具的昔日辉煌将指日可待。

参考文献

一、书籍类

1. 何人可．工业设计史．北京:北京理工大学出版社,1992.

2. 方海．20 世纪西方家具设计流变．北京:中国建筑工业出版社,2001.

3.(日)杉浦康平．造型的诞生——图像宇宙论．李建华,杨晶译．北京:中国青年出版社,2002.

4. 蔡俊生,陈荷清,韩林德．文化论．北京:人民出版社,2003.

5.(美)威廉·A. 哈维兰．文化人类学(第十版)．瞿铁鹏,张钰译．上海:上海社会科学院出版社,2006.

6. 罗康隆．文化人类学论纲．昆明:云南大学出版社,2005.

7. 徐复观．中国艺术精神．上海:华东师范大学出版社,2001.

8.(德)马丁·海尔格尔．存在与时间．陈嘉映,王庆节译．北京:三联书店,2006.

9. 成中英．创造和谐．上海:上海文艺出版社,2002.

10. 张岱年,方克立．中国文化概论．北京:北京师范大学出版社,2001.

11. 于伸．木样年华——中国古代家具．天津:百花文艺出版社,2006.

12. 吴少华．鉴识明清家具．福州:福建美术出版社,2005.

13. 李凤崧．家具设计．北京:中国建筑工业出版社,1999.

14. 杨耀．明式家具研究．北京:中国建筑工业出版社,2002.

15. 王世襄．明式家具珍赏．北京:文物出版社,2003.

16. 田家青．明清家具鉴赏与研究．北京:文物出版社,2003.

17. 胡文彦,于淑岩．中国家具文化．石家庄:河北美术出版社,2002.

18. 董伯信．中国古代家具综览．合肥:安徽科学技术出版社,2004.

19. 濮安国．明清家具鉴赏．杭州:西泠印社,2004.

20. 濮安国．中国红木家具．杭州:浙江摄影出版社,2004.

21. 李宗山．中国家具史图说．武汉:湖北美术出版社,2001.

22. 胡文彦．中国家具鉴定与欣赏．上海:上海古籍出版社,1996.

23. 柏德元,潘嘉来．中国传统家具．北京:人民美术出版社,2005.

24. 梁启凡．家具设计学．北京:轻工业出版社,2000.

25. 张福昌．中国民俗家具．杭州:浙江摄影出版社,2005.

26. 聂菲．家具鉴赏．桂林:漓江出版社,1998.

27. 路玉章．中国古家具鉴赏与收藏．北京:中国建筑工业出版社,2006.

28. 陆志荣．清代家具．上海:上海书店出版社,2002.

29. 景戎华,帅茨平．中国明式家具图录．北京:中国林业出版社,1999.

30. 韩欣．中国青铜器收藏与鉴赏全书(上)．天津:天津古籍出版社,2005. 31.

31. 阮长江．中国历代家具图录大全．南京:江苏美术出版社,1992.

32. 濮安国．明清家具装饰艺术．杭州:浙江摄影出版社,2003.

33. 唐开军．家具装饰图案与风格．北京:中国建筑工业出版社,2005.

34. 王受之．世界现代设计史．深圳:新世纪出版社,2001.

35. 胡景初,方海,彭亮．世界现代家具发展史．北京:中央编译出版社,2005.

36. 何镇强,张石红．中外历代家具风格．郑州:河南科学技术出版社,1998.

37. 赵子夫,唐利．外国古典家具文化艺术．沈阳:辽宁美术出版社,2001.

38.(英)菲莉斯·贝内特·奥茨．西方家具演变史．江坚译．北京:中国建筑工业出版社,1999.

39. 邱运华,马画钢．中外文化概论．长沙:岳麓书社,1996.

40. 钱穆．中国文化史导论．北京:商务印书馆,2005.

41. 陈望衡．艺术设计美学．武汉:武汉大学出版社,2003.

42. 谭好哲,任传霞,韩书堂．现代性与民族性．北京:社会科学文献出版社,2005.

43.(俄)瓦·康定斯基．论艺术的精神．查立译．北京:中国社会科学出版社,1987.

44. 周凯．美术毕业论文写作．南宁:广西美术出版社,2000.

45. 金元浦,谭好哲,陆学明．中国文化概论．北京:首都师范大学出版社,2001.

46.(美)E. 希尔斯. 论传统. 傅铿,吕乐译. 上海:上海人民出版社,1991.

47. 李砚祖. 造物之美. 北京:中国人民大学出版社,2000.

48.(英)奈杰尔·拉波特,乔安娜·奥弗林. 社会文化人类学的关键概念. 鲍雯妍,张亚辉译. 北京:华夏出版社,2005. 133.

49. 董晓萍. 说话的文化. 北京:中华书局,2002.

50. 李宗桂. 儒家文化与中华民族凝聚力. 广州:广东人民出版社,1998.

51.(德)黑格尔. 逻辑学(下卷). 杨一之译. 北京:商务印书馆,2003.

52. 杨庆峰. 技术现象学初探. 上海:上海三联书店,2005.

53. 北京大学哲学系中国哲学教研室. 中国哲学史. 北京:北京大学出版社,2006.

54. 陈洛加. 外国美术史. 重庆:西南师范大学出版社,1995.

55. 高丰. 中国器物艺术论. 太原:山西教育出版社,2001.

56.(台)汉宝德. 中国建筑文化. 北京:三联书店,2006.

57. 柳冠中. 事理学论纲. 长沙:中南大学出版社,2006.

58.(德)格罗塞. 艺术的起源. 蔡慕晖译. 北京:商务印书馆,1996.

59. 孙秉莹,赵连泰,冯兴盛. 世界通史纲要. 长春:吉林文史出版社,1987.

60. 刘景峰. 中国古典家具收藏与鉴赏全书(上,下). 天津:天津古籍出版社,2005.

61.(德)恩格斯. 自然辩证法. 北京:人民出版社,1971.

62. 朱增华,陈文化. 技术美学概论. 长沙:中南大学出版社,1994.

63. 尚秉和. 历代社会风俗事物考. 长沙:岳麓书社,1991.

64. 赵琳. 魏晋南北朝室内环境艺术研究. 南京:东南大学出版社,2005.

65. 李济. 李济考古学论文集. 北京:文物出版社,1990.

66. 朱启新. 文物物语. 北京:中华书局,2006.

67. 华夫. 中国古代名物大典. 济南:济南出版社,1993.

68. 潘鲁生. 中国传统生活方式. 济南:山东教育出版社,2002.

69. 宗白华. 美学散步. 上海:上海人民出版社,2006.

70. 罗宗真. 六朝考古. 南京:南京大学出版社,1996.

71. (明)计成．园冶图说．赵农注释．济南:山东画报出版社,2003.

72. 赵江洪．设计艺术的含义．长沙:湖南大学出版社,2005.

73. (日)柳宗悦．日本手工艺．张鲁译．桂林:广西师范大学出版社,2006.

74. 胡潇．文化的形上之思．长沙:湖南美术出版社,2002.

75. 易中天．易中天谈美学．上海:复旦大学出版社,2006.

76. 冯友兰．中国哲学史(上,下)．上海:华东师范大学出版社,2005.

77. 孙景浩,孙德元．中国民居风水．上海:上海三联书店,2006.

78. 胡景初,戴湘东．家具设计概论．北京:中国林业出版社,2001.

79. 徐恒醇．设计美学．北京:清华大学出版社,2006.

80. 田自秉．工艺美术概论．北京:知识出版社,1991.

81. 郭因．技术美学．合肥:安徽科学技术出版社,1983.

82. 张其成．易道:中国文化主干．北京:中国书店,1999.

83. 叶朗．中国美学史大纲．上海:上海人民出版社,1999.

84. 卢晓辉．中国人审美心理的发生学研究．北京:中国社会科学出版社,2003.

85. 李泽厚．美的历程．天津:天津社会科学出版社,2002.

86. 栾昌大．中外文艺家论文艺主体性．长春:吉林大学出版社,1988.

87. 周谷城．中国通史(上)．上海:上海人民出版社,2002.

88. 柳诒徵．中国文化史(上,下)．上海:上海古籍出版社,2002.

89. 吴卫．中国水车．长沙:湖南美术出版社,2004.

90. (清)李渔．闲情偶寄．民辉译．长沙:岳麓书社,2000.

91. 姜维群．民国家具的鉴赏与收藏．天津:百花文艺出版社,2004.

92. (日)海野弘．装饰与人类文化．陈进海译．天津:山东美术出版社,1990.

93. 奚传绩．设计艺术经典论著选读．南京:东南大学出版社,2006. 60－61.

94. 吕济民．中国传世文物收藏鉴赏全书——漆器(上)．北京:线装书局,2006.

95. (美)保罗·克拉克,朱利安·弗里曼．设计．周绚隆译．北京:三联书店,2002.

96. 张绮曼,郑曙旸．室内设计资料集．北京:中国建筑工业出版社,1996.

97. 赵农．中国艺术设计史．西安:陕西人民美术出版社,2005.

98. 展望之．中国装饰文化．上海:上海古籍出版社,2001.

99. 戴吾三．考工记图说．济南:山东画报出版社,2005.

100.(港)李允酥．华夏意匠．香港:广角镜出版社,1984.

101. 刘敦桢．中国古代建筑史．北京:中国建筑工业出版社,2000.

102. 黄森荣．先秦诸子管理理念研究．长沙:湖南教育出版社,2001.

103. 夏燕靖．中国艺术设计史．沈阳:辽宁美术出版社,2001.

104. 倪建林,张抒．中国工艺文献选编．济南:山东教育出版社,2002.

105.(美)孙隆基．中国文化的深层结构．桂林:广西师范大学出版社,2004.

106. 韦政通．中国的智慧．长春:吉林文史出版社,1988.

107. 郑晓江,程林辉．中国人生精神．南宁:广西人民出版社,1998.

108.(美)明恩溥．中国人的素质．秦悦译．上海:学林出版社,2000.

109. 丁玉兰．人机工程学．北京:北京理工大学出版社,1992.

110. 侯幼彬．中国建筑美学．哈尔滨:黑龙江科学技术出版社,2000.

111. 高友谦．中国风水文化．北京:团结出版社,2005.

112. 陈志华．北窗杂记．郑州:河南科学技术出版社,2004.

113. 丁士峰．科学研究方法论．长沙:国防大学出版社,2005.

114. 邓牛顿．中华美学感悟录．北京:社会科学文献出版社,1999.

115.(德)海德格尔．海德格尔选集(下)．孙周兴编．上海:上海三联书店,1996.

116.(德)黑格尔．美学(第三卷下册)．朱光潜译．北京:商务印书馆,1997.

117. 朱光潜．无言之美．北京:北京大学出版社,2006.

118.(英)克莱夫·贝尔．艺术．薛华译．南京:江苏教育出版社,2005.

119. 李泽厚．华夏美学．天津:天津社会科学出版社,2001.

120. 亢亮,亢羽．风水与建筑．天津:百花文艺出版社,1999.

121. 尹思慈．木材学．北京:中国林业出版社,1997.

122.(美)奥尔德里奇．艺术哲学．程孟解译．北京:中国社会科学出版社,1986.

123.(美)阿恩海姆．艺术与视知觉．滕守尧,朱疆源译．北京:中国社会科学出版社,1984.

124. 李新柳．东西方文化比较导论．北京:高等教育出版社,2005.

125. 王受之．世界工业设计史略．上海:上海人民美术出版社,1987.

126.(日)相马一郎,佐古顺彦．环境心理学．周畅,李曼曼译．北京:中国建筑工业出版社,1986.

127. 章利国．设计艺术美学．济南:山东教育出版社,2005.

128.(奥地利)阿洛瓦·里格尔．风格问题．刘景联,李薇蔓译．长沙:湖南科学技术出版社,2000.

129. 潘鲁生．外国设计艺术文献选编．济南:山东教育出版社,2005.

130. 鄢斌．建筑之美．北京:团结出版社,2006.

131.(俄)普列汉诺夫．论艺术．曹葆华译．北京:三联书店,1964.

132. 樊美筠．中国传统美学的当代阐释．北京:北京大学出版社,2006.

133. 尚刚．天工开物:古代工艺美术．北京:三联书店,2007. 14.

134.(日)小形研三,高原荣重．园林设计．索靖之,任震方,王恩庆译．北京:中国建筑工业出版社,1984.

135.(德)雷德侯．万物．张总等译．北京:三联书店,2006.

136.(法)德卢西奥·迈耶．视觉美学．李玮,周水涛译．上海:上海人民美术出版社,1990.

137.(日)安泰忠雄．安泰忠雄论建筑．白林译．北京:中国建筑工业出版社,2004.

138. 曾坚．当代世界先锋建筑的设计观念．天津:天津大学出版社,1995.

139. 梁思成．梁思成谈建筑．北京:当代世界出版社,2006. 446.

140. 袁宣萍．十七至十八世纪欧洲的中国风设计．北京:文物出版社,2006.

141.(德)黑格尔．美学(第一卷)．朱光潜译．北京:商务印书馆,1997.

142. 朱和平．中国古代设计艺术史纲．长沙:湖南美术出版社,2004.

143. 翟墨．人类设计思潮．石家庄:河北美术出版社,2007.

144.(明)宋应星．天工开物(上,中,下)．兰州:甘肃文化出版社,2003.

145.(明)黄成．髹饰录图说．长北译注．济南:山东画报出版社,2007.

146. 宋祚胤注译．白话易经．长沙:岳麓书社,2002.

147.（春秋）墨翟．墨子．戴红贤译注．呼和浩特:远方出版社,2004.

148. 程昌明译注．论语．呼和浩特:远方出版社,2004.

149.（战国）曾参．大学．梁海明译注．呼和浩特:远方出版社,2004.

150.（战国）子思．中庸．梁海明译注．呼和浩特:远方出版社,2004.

151. 程习勤译注．易经．呼和浩特:远方出版社,2004.

152.（宋）李诫．营造法式（上,下）．北京:中国书局,2006.

153.（英）Elaine,Baldwin,Brian Longhurst. Introducing Culture Studies. 北京:北京大学出版社,2005.

154.（美）Oliver AoJohnson,James LoHalverson. Sources of World Civilization. 北京:北京大学出版社,2004.

155.（美）RichardoJanaro. The Art of Being Human. 北京:北京大学出版社,2005.

156. C. N. Shulz. Genius Loci-Towards a Phenomenology of Architecture. U S A. 1980.

二、期刊类

1.（台）林东阳．家具历史与风格．木工家具杂志,1995,137 – 138.

2. 刘森林．中国家具经典艺术长廊．家具与室内装饰,1998,(4) – 2000,(3).

3. 朱品之．中国古典家具装饰初探．家具,1988,1 – 2.

4. 祥子．试析艺术民族性与世界性．艺术探索,2001,(5):47 – 48.

5. 李泽厚．美育与技术美学．天津社会科学,1987,(4):2 – 5.

6. 卞宗舜．艺术设计中的民族性与当代性．装饰,2002,110(6):64 – 65.

7. 李赐生．家具设计的民族性与时代性．家具与室内装饰,2004,(9):86 – 87.

8. 蒋绿荷．家具与民族文化之研究．家具与室内装饰,2002,(6):16 – 18.

9. 张吟午．先秦家具的陈设与使用．江汉考古,2001,(2):59 – 62.

10. 众达．用木头构架的绚丽诗篇．中国林业产业,2006,(2):30 – 31.

11. 姚志国．中国古代家具与人生礼仪．中原文物,1999,(4):75 – 78.

12. 暨远志．绳床及相关问题考．考古与文物,2004,(2):70 – 75.

13. 任晓曦,耿晓杰．中国家具史话魏晋南北朝时期．家具与环境,2006,(4):37 – 39.

14. 王翔子．浅谈中国家具的精髓——明清家具．河南商业高等专科学校学报,2004,17(6):74－75.

15. 黄薇,卢纯福．试析明清家具与历史文化的联系．包装世界,2004,(4):66－67.

16. 陈乃明．中国传统家具的黄金时代．杭州师范大学学报,2006,(3):224－226.

17. 刘刚．明式家具的文人气息．收藏家,2004,(3):47－50.

18. 吴恩沁．清式家具视觉特征探议．装饰,2005,146(6):13.

19. 罗无逸．师造化,潜移形．装饰,2006,154(2):16－19.

20. 罗无逸．师造化,潜移形．装饰,2006,153(1):34－37.

21. 王珊,李磊,胡惠琴．中国古代家具发展与坐卧姿势的演变．建筑文化,2006,(2):19－22.

22. 高建华,刘文金．中国古代"坐"姿与坐具形式的演变．家具与室内装饰,2007,97(3):18－19.

23. 庞国华．明清民间家具的装饰语言．装饰,2003,123(7):47－48.

24. 袁宣萍．中国外销漆家具及其对欧洲的影响．装饰,2006,159(7):22－23.

25. 众达．明代家具,在中国家居历史长河中雕刻精品．中国林产工业,2006,(6):47－60.

26. 许美琪．椅子:设计的多样性和连接的本质．家具,2001,(6):40－43.

27. 张继娟．略论中国传统家具五金构件的装饰作用．家具与室内装饰,2006,(10):50－51.

28. 罗军．明式家具品赏．中国美术教育,2000,(4):44－46.

29. 刘立承．从"越乡婚俗馆"看中国传统婚礼家具．装饰,2006,160(8):35.

30. 胡鹏,张福昌．浅论中国民俗家具的家具．江南大学学报,2003,(3):91－94.

31. 刘溢．绘画:人类自爱自强的最真实信物．中国艺术,2004,(3):44－45.

32. 刘菁菁．明式家具的文人气息及艺术价值．美术大观,2005,(10):72－73.

33. 刘晓卉,张福昌．传统中式家具中的人文主义精神,家具与室内装饰,2002(1):52－54.

34. 安胜足,翟燕,张晓燕. 明式家具的审美特征与现代中式家具设计. 室内设计,2003,(6):32-36.

35. 张健,姜兴有. 建筑设计中的"欧陆风"和民族性. 沈阳建筑工程学院学报,2003,19(3):129-130.

36. 刘源. 山西民间传统家具文化意义的当代解读. 广西民族学院学报,2002,24(6):45-49.

37. 陈文平. 明清家具三作赏析. 上海艺术家,2006,(1):61-63.

38. 观复. 质朴乡风. 家具与环境,1999,(4):20-23.

39. 聂菲,姚湘君. 从汉画看汉代家具及陈设. 南方文物,2002,(3):77-83.

40. 张十庆. 建筑与家具. 室内设计与装修,2005,(4):98-101.

41.(台)杜玉婷. 窗花的古物今用. 装潢世界,1988,107(9):276-279.

42. 梁冰. 也谈元代家具的风格. 装饰,1999,(5):68-70.

43. 胡文仲. 中国家具与中国传统文化现象(一). 家具与室内设计.2003,(5):20-23.

44. 胡文仲. 中国家具与中国传统文化现象(二). 家具与室内设计,2003,(6):24-27.

45. 张卓远. 汉代家具漫谈. 中州今古.2000,(6):44-48.

46. 刘红伟. 中国古代家具的发展与时代的关系. 天中学刊,2005,20(1):113-114.

47. 众达. 华丽润妍的大唐奇葩. 中国林产工业,2006,(4):51-55.

48. 张双红. 意韵之美——明式家具的艺术魅力. 美术大观,2004,(3):23.

49. 耿小杰. 中国家具史话——原始社会. 家具与环境,2005,(4):34-39.

50. 张锡. 从形制变化看中国古代家具的发展. 艺术晨家,2004,75(1):134-135.

51. 叶德辉,王斌辉. 中国传统家具造型变化与文化分析. 郑州轻工业学院学报,2003,4(2):68-71.

52. 缪同强. 小议中国家具的发展与演变. 科技信息,2006,(5):32.

53. 吴江. 明式家具的"道"、"器"之美及对现代产品设计的启示. 包装工程,2006,27(5):10-11.

54. 辛艺华,罗彬. 从武陵家具木雕艺术的风格看土家文化与汉文化的互渗. 华中师范大学学报,2003,42(6):119-124.

55. 张远群,王文宁. 论明式家具造型中线条的应用. 木材工业,2001,15(3):17-19.

56. 李敏秀. 古典家具置色特点探析. 家具与室内装饰,2003:(1):24-27.

57. 左亚琳. 苏式家具江南文人的心灵之约. 东南文化,2000,(2):125-126.

58. 张金颖. 西方收藏中国古典艺术品的趋势和原因. 福建艺术,2000,(1):45-47.

59. 陈鸿俊. 论明式家具的美学特征. 美术大观,2006,(6):38-39.

60. 王叶. 明式家具的文化精神和设计意义. 美术观察,2005,(11):96.

61. 唐昱. 中国古代家具里的新技术. 家具与室内装饰,2000:(1):16-17.

62. 闻小宁. 原始家具略述. 南方文物,2000,(3). 90-94.

63. 胡开仁. 明式家具浅析. 贵州民族学院学报,2001,69(3):95-99.

64. 傅祎. 现代设计支点. 装饰,1994,(2):28.

65. 廖梅. 中国现代家具的价值体现. 攀枝花学院学报,2006,(23):56-57.

66.(美)乔舒亚·库珀·拉莫. 中国国家"品牌"核心在于"中国的新". 参考消息,2006-10-4(16).

67. 杨中强. 家具设计的继承与创新. 家具与室内装饰,2001:(4):6-7.

68. 方海. 现代设计与中国家具的未来. 家具与室内装饰,2004,(1):6-7.

69. 方海. 现代家具设计中的"中国主义". 装饰,2002,44(3): 61-62.

70. 唐开军,曾利. 现代中式家具. 林产工业,2002,29(4):24-25.

71. 钟畅. 新中式家具的要义. 家具与室内装饰,2006,(5):44-45.

72. 方海. 西方现代家具设计中的中国风. 室内设计与装修,1998,(1):74-46.

73. 吴明光. 明概念家具设计. 家具与室内装饰,1999,(6):17.

74. Ying, zhen Hong. 2007 Furniture Trend in Imm Cologne. Design, 2007, 133 (02-03):32-37.

75. Desroches, Jean-Paul. "Ming, the Golden Age of Chinese Furniture" at the Musée Guimet. Orientations-Hong Kong, 2003, 34(2):42-45.

76. Feuerle, Desire. Imperial Chinese Furniture. Orientations-Hong Kong, 2006, 37 (5):36 – 39.

77. Chan, R. Learning from the Past: Understanding More about Chinese Furniture. Orientations-Hong Kong, 2002, 33:73.

78. Berman, Avis. Chinese Classical Furniture. Architectural Digest, 1998, 55(12): 226 – 233.

79. Latham, R. J. Regional Chinese Furniture. Orientations-Hong Kong, 2002, 33: 40 – 49.

80. Schlombs, Adele. An Architect's Love Affair: The Ignazio Vok Collection of Chinese Furniture. Orientations-Hong Kong, 2004, 35(8):37 – 42.

81. How to tell if your Chinese furniture is authentic. Art and Antiques, 2004, 27 (2):42 – 45.

82. Caldwell, I. Furniture in the Chinese Style: The History of a Suite Made for George I. Country Life-London, 2000, 194(23):212 – 217.

83. Bruce, Grace Wu. Classic Furniture from China: Beauty and Quality. The Essence of the Ignazio Vok Collection. Arts of Asia, 2005, 35(1):59 – 64.

84. Ang. J. K. -M. Zhajing Wood Furniture: Furniture Studies in Chinese Furniture of Alternative Woods. Arts of Asia, 2002, 32:53 – 65.

85. Ang, John Kwang-Ming. Further Studies of Chinese Furniture in Various Woods: Longyan Wood Furniture. Arts of Asia, 2004, 34(5), 64 – 80.

86. Cao, Xiaozhi, Hansen, Eric N. Chinese furniture companies are seeking new strengths through innovation activities as they face increasing challenges. Forest Products Journal and Index, 2004, 54(11):14 – 23.

87. News—PFA's Bush hits out at effect of cheap Chinese furniture imports on US farmers. Foamex CEO Chorman resigns. Urethanes Technology, 2006, 23(3): 10 – 11.

88. Show Review—Furniture Manufacturing & Supply China—FMC once again proved to be an important business platform for the industry players. Asian Timber, 2006, 25(5):32 – 34.

89. Evarts, C. Dating and Attribution: Questions and Revelations from Inscribed

Works of Chinese Furniture. Orientations, Hong Kong,2002, 33:32 – 39.

90. "The China Price"—They're the three scariest words in U. S. industry. What they mean is, cut your price at least 30% or kiss your customers goodbye. And what's different now is that nearly every manufacturer is vulnerable—From furniture to high-end networking gear. The result: A massive shift in economic power is under way. Business Week, 2004,(2):102 – 113.

91. Temin, Christine. Inspired by China—Historical Chinese furniture prompts innovative work by contemporary makers from the United States, Canada and China in an exhibition at the Peabody Essex Museum. American Craft,2007,67(2):54 – 61.

92. Berliner,Nancy. New Directions in Chinese Furniture. Orientations-Hong Kong, 2007,38(1):95 – 98.

93. Mark Harms. Furniture Design Trends. Finishing Today,2007,(1):38 – 39.

94. Ward,Gerald W R. West meets East: American furniture in the Anglo-Asian taste at the Museum of Fine Arts, Boston. Apollo-London-Apllo, 2003, 157 (495): 24 – 29.

95. Stuart, Jan. A Gift of Chinese Furniture to the Arthur M. Sackler Gallery. Orientations, Hong Kong,2004,35,(8):43 – 45.

96. Xueying, Zhang. Culture-Antique Furniture Reassessed. China Today, 2004, 53 (9):52 – 54.

97. Ya,X. Xing,S. M. Plant Pattern of Chinese Classical Furniture. Journal of Northwest Forestry University,2004,19(3):159 – 163.

98. Whitman, Laura. Saleroom News—Christie's New York: The Gangolf Geis Collection of Fine Classical Chinese Furniture and Fine Chinese Ceramics and Works of Art on September 18th. Arts of Asia,2003,33(6):118 – 119.

99. Mason, L. E. Sarah Handler. Austere Luminosity of Chinese Classical Furniture. Studies in the Decorative Arts,2003,10:166 – 167.

三、学位论文类

1. 刘文金．中国当代家具设计文化研究．南京:南京林业大学,2003.

2. 戴湘东．中日传统家具文化比较研究．长沙:中南林业科技大学,2007.

3. 唐开军．家具风格的形成过程研究．北京:北京林业大学,2003.

4. 李秀敏．中西家具文化比较研究．南京:南京林业大学,2003.

5. 周燕玲．中国古典家具中的雕刻装饰研究．长沙:中南林学院,2003.

6. 莫秀珍．王夫之的民族文化观．长沙:湖南大学,2001.

7. 姜森．论文化民族性及其建设．哈尔滨:东北师范大学,2004.

8. 王湘．中西古典家具的比较研究．哈尔滨:东北林业大学,2001.

9. 唐彩云．中国家具传统五金配件的研究．长沙:中南林学院,2004.

10. 陈立未．宁式家具的地域风格及在当代的传承与创新之研究．无锡:江南大学,2004.

11. 淡智慧．中国传统风格室内环境中的家具陈设．北京:北京林业大学,2004.

12. 李媛莉．试论苏州传统民居木雕门窗的装饰艺术特点．苏州:苏州大学,2004.

13. 徐秋鹏．中国传统家具结构形式现代化的研究．无锡:江南大学,2004.

四、网上文献类

1. 佚名．民族性．素质教育文库,2003.

2. 2006 中国家具设计大赛评委——高文安谈家具设计, www. dolcn. com, 2006 - 05 - 10.

3. 童萍．关于文化民族性的几点思考．www. cul. sina. com. cn ,2005 - 08 - 16.

4. 叶佑天．传统工艺美术中吉祥图案的文化意蕴．www. dolcn. com,2006 - 08 - 21.

5. 张传寿．椅子浅析明代官帽椅．www. design. cn,2006 - 07 - 31.

6. 李倍雷．试论中国传统造物观念．www. design. cn,2006 - 06 - 02.

7. 田颖拓．论易学文化对现代艺术设计的影响．www. xaad. com,2004 - 02 - 8.

8. 设计与民间文化五人谈．www. biz. 163. com,2005 - 09 - 03.

9. 严波．本土文化是设计的基石．www. dolcn. com,2003 - 07 - 02.

插图目录及出处

图3-11　意象思维过程——作者自绘

图3-12　三犀鼎——韩欣．中国青铜器收藏与鉴赏全书(上)．天津:天津古籍出版社,2005:31.

图3-13　有束腰如意云头足榻几——刘景峰．中国古典家具收藏与鉴赏全书(上)．天津:天津古籍出版社,2005:36.

图3-14　木俎与四足石磨盘的比较——罗无逸．师造化,潜移形．装饰,2006,153(1):34-37.

图3-15　中国家具的事因物缘示意图——作者自绘

图3-16　坐具类别及图例——图表为作者自绘,图片出自王世襄．明式家具珍赏．北京:文物出版社,2003.

图3-17　战国时期彩绘木床——孙景浩,孙德元．中国民居风水．上海:上海三联书店,2006:147.

图3-18　安徽歙县出土的三彩榻——董伯信．中国古代家具综览．合肥:安徽科学技术出版社,2004:252.

图3-19　河南出土的春秋镂孔蟠虺纹俎——董伯信．中国古代家具综览．合肥:安徽科学技术出版社,2004:22.

图3-20　老花梨木翘头案——濮安国．明清家具鉴赏．杭州:西泠印社,2004:158.

图3-21　中国家具的装饰——作者自绘

图3-22　战国时期的漆木家具——吕济民．中国传世文物收藏鉴赏全书——漆器(上)．北京:线装书局,2006:34.

图3-23　漆雕云龙纹盏托——刘景峰．中国古典家具收藏与鉴赏全书(下)．天津:天津古籍出版社,2005:564.

图3-24　龙凤树——作者摄于江西三清山

图3-25　鱼纹、鸟纹、蛙纹的演变——李泽厚．美的历程．天津:天津社会科学出版社,2002:33-34.

图3-26　百寿字炕桌——刘景峰．中国古典家具收藏与鉴赏全书(上)．天津:天津古籍出版社,2005:89.

图3-27　中国传统家具五金件——梁启凡．家具设计学．北京:轻工业出版

社,2000:90.

图4-1　18世纪西方画家笔下的广东木工师傅——田家青．明清家具鉴赏与研究．北京:文物出版社,2003:187.

图4-2　中国仁礼家具的形成——作者自绘

图4-3　江西婺源一百姓家厅堂的家具摆设——作者摄于江西婺源

图4-4　中国民俗家具的特性——作者自绘

图4-5　民间摇椅——张福昌．中国民俗家具．杭州:浙江摄影出版社,2005:132.

图4-6　暖椅——(清)李渔．闲情偶寄．民辉译．长沙:岳麓书社,2000:409.

图4-7　楼梯椅——张福昌．中国民俗家具．杭州:浙江摄影出版社,2005:130.

图4-8　云南纳西族南官帽椅——张福昌．中国民俗家具．杭州:浙江摄影出版社,2005:105.

图4-9　中国家具的诗性解读——作者自绘

图4-10　龙纹诗屏——刘景峰．中国古典家具收藏与鉴赏全书(上)．天津:天津古籍出版社,2005:29.

图5-1　中国家具的天人合一——作者自绘

图5-2　中国椅——方海．20世纪西方家具设计流变．北京:中国建筑工业出版社,2001:59.

图5-3　中国家具的生境因缘——作者自绘

图5-4　儿童竹坐车——张福昌．中国民俗家具．杭州:浙江摄影出版社,2005:336.

图5-5　现代家居中的晋式柜——作者摄于湖南株洲

图5-6　家具布置的成因——作者自绘

图5-7　钟先生之家的家具陈设——作者摄于马来西亚吉隆坡

图5-8　《韩熙载夜宴图》中的家具陈设——董伯信．中国古代家具综览．合肥:安徽科学技术出版社,2004:106.

图5-9　建筑对家具的影响——作者自绘

图5-10　束腰家具的造型溯源——作者自编

图5－11　中国窗花图——张绮曼，郑曙旸．室内设计资料集，北京：中国建筑工业出版社，1996：193.

图5－12　罗汉床——（台）杜玉婷．窗花的古物今用．装潢世界，1988，107（9）：278.

图6－1　《韩熙载夜宴图》中的家具陈设——董伯信．中国古代家具综览．合肥：安徽科学技术出版社，2004：106.

图6－2　儿童推车——张福昌．中国民俗家具．杭州：浙江摄影出版社，2005：335.

图6－3　中国家具设计的"道""理"——作者自绘

图6－4　木雕上的"寿"字——作者自摄、整理

图6－5　明式家具中的"线韵"——王世襄．明式家具珍赏．北京：文物出版社，2003：113－114.

图7－1　木材的纹理——作者整理，图片出自陆志荣．清代家具．上海：上海书店出版社，2002.

图7－2　圈椅的模件——王世襄．明式家具珍赏．北京：文物出版社，2003：25，55.

图7－3　精密巧妙的榫卯结构——图表为作者自绘，图片出自王世襄．明式家具珍赏．北京：文物出版社，2003：35－38；陆志荣．清代家具．上海：上海书店出版社，2002：111－113.

图7－4　中国家具结构示意图——作者重绘，参见张福昌．中国民俗家具．杭州：浙江摄影出版社，2005：46.

图7－5　H形漆凭——刘景峰．中国古典家具收藏与鉴赏全书（上）．天津：天津古籍出版社，2005：14.

图7－6　屏风、交椅、折叠盆架——刘景峰．中国古典家具收藏与鉴赏全书（上）．天津：天津古籍出版社，2005：131，231；王世襄．明式家具珍赏．北京：文物出版社，2003：250.

图7－7　鲁班图——胡文彦、于淑岩．中国家具文化．石家庄：河北美术出版社，2002：172.

图7－8　古今木工工具的对比——古代木工工具图片出自董伯信．中国古代

家具综览．合肥：安徽科学技术出版社，2004：43；现代木工工具图片系作者摄于湖南攸县一木匠世家

图7－9　中国家具的工艺之美——作者自绘

图7－10　明式老花梨木"千拼桌"——濮安国．明清家具鉴赏．杭州：西泠印社，2004：65.

图8－1　"明概念"家具——吴明光．明概念家具设计．家具与室内装饰，1999，(6)：17.

图8－2　"和缘"思想的体现——作者自绘

后　记

人生讲究缘分。1992 年岁末，本人出差到上海，在一个书店里看到一本叫《家具设计与制作》的书，当时也没有在意作者是谁，只是出于喜欢而购之。直到 2000 年，笔者在中南林业科技大学（原中南林学院）就读硕士研究生，选择了胡景初教授为导师时，才想起以前所购之书的作者，正是目前的导师。硕士毕业后，继续攻读博士学位，同样拜读胡教授门下。回想起来，也许是当初那本 1983 年出版、定价为 1.3 元的书使本人与导师和家具结下了不解之缘。

此论著是本人在博士论文基础上略作修正的结晶。从博士论文的开题到开始撰写，经历了一年半时间，主要是笔者对论文结构的框架一直不满意，不想落入一个以历史为线索从造型、装饰、审美等方面对中国家具进行论述的老套。一个偶然的机会，打破了一年多的迷惑与沉默，使本人恍然大悟。2006 年本人单位准备创办一种杂志，在征集刊名的过程中，笔者想以"设计缘"名之。卧枕之时、迷糊之际，突想何不以此意撰写手边之论文。

本文的框架与思路就这样尘埃落定。结合课题，笔者泛读或精读了一百多本专业书籍和一些专业期刊，做了近 20 万字的读书笔记，终于在去年年初才敢动笔。在这里首先要感谢这些作者，论文中的许多史料与观点都是借鉴他们的成果。

这几年中要感谢的人太多、太多。特别感谢导师胡景初教授在我论文撰写过程中的点拨与修改，并为此书撰写了序言，论文都是在他悉心指导下完成的。他渊博的知识面，治学严谨、德高望重的学术品行时刻激励着我要踏踏实实做学问;他那平易近人的为人处世方式时刻提醒着我要老老实实做人。

感谢湖南工业大学的同事朱和平、汪田明、许超、赵伟军及吴卫等教授对本人学习的支持,并为我分担了一些行政事务。特别是朱和平博士对论文的写作提供了不少宝贵的意见和学术上的指导。

感谢湖南大学的何人可教授和中南林业科技大学的李际平、向仕龙、刘文金、戴向东、沈守云、李克忠等教授对本人学习的关心和学术的指导。

感谢家人对我工作和学习的支持与理解,特别是爱人黄小珊默默承担了大量的家务并悉心抚养年幼的女儿,使得我能以全心且饱满的精力投入到书稿的撰写之中。

设计是一种"缘",人生何尝不是如此。

胡俊红

2008 年 10 月 12 日